DE LA NAVIGATION

INTÉRIEURE

DU DÉPARTEMENT DU NORD,

ET PARTICULIÈREMENT

DU CANAL

DE LA SENSÉE.

Par M. J. CORDIER,

Ingénieur en chef des Ponts et Chaussées, Membre de la Légion-d'Honneur.

CHEZ {
GOEURY, Libraire des Ponts et Chaussées,
Quai des Augustins, N.º 41, A PARIS.

VANACKERE, Libraire, Grand'Place, A LILLE.
}

A M. Becquey,

Conseiller d'État, Directeur-Général des Ponts et Chaussées et des Mines; Membre de la Chambre des Députés.

Monsieur le Directeur-Général,

Le canal de la Sensée, commencé et terminé sous vos auspices par une compagnie, donne déjà les plus heureux résultats. Le commerce des villes voisines prend de l'essor; une vallée marécageuse se dessèche; l'œil attentif de l'intérêt s'éveille, et de nouvelles compagnies offrent d'exécuter à leurs frais de semblables ouvrages.

Le succès de cette grande entreprise achevée en dix-sept mois, est principalement dû à votre fidélité à remplir les engagemens contractés par l'État, et à la confiance qu'inspirent vos qualités personnelles. Vous avez pensé, Monsieur le Directeur-Général, que la publication de la Notice suivante pouvait être utile, et vous avez daigné en agréer l'hommage. Encouragé par un suffrage aussi honorable, je redoublerai d'efforts afin de contribuer au rétablissement en France du système de concession pour l'exécution des travaux publics, la cause la plus féconde des prospérités d'un pays, et le but de votre sollicitude éclairée.

J'ai l'honneur d'être avec respect,

MONSIEUR LE DIRECTEUR-GENERAL,

Votre très-humble et très-obéissant serviteur,

J. Cordier,

Lille, ce 20 Décembre 1810.

INTRODUCTION.

PLUSIEURS personnes nous ayant demandé des renseignemens sur les travaux qui s'exécutent par concession dans le département du Nord, nous nous sommes déterminés à les faire imprimer.

Quelqu'incomplètes que soient les notes suivantes, peut-être serviront-elles à donner, sur ce pays, des notions plus justes que celles généralement admises. On le suppose homogène, naturellement fertile, également bien cultivé. On pense que la navigation intérieure y est parfaite, et que la grande population et ses richesses sont uniquement dues à une heureuse situation : il nous semble utile de rectifier ces jugemens.

Le département du Nord est peut-être le moins connu et le plus digne de l'être ; chaque arrondissement a, pour ainsi dire, une physionomie distincte, un caractère particulier, des habitudes différentes, et se trouve placé à une hauteur plus ou moins grande sur l'échelle de la civilisation.

Dans les cantons coupés à la fois par des routes et des canaux, l'agriculture est portée au plus haut degré de perfection ; les fabriques sont variées et nombreuses; la population est pressée et florissante. Dans les autres, au contraire, tout paraît être reculé et dans un état de souffrance.

La fécondité des pays, ainsi que le remarque Montesquieu, dépend moins de leur fertilité naturelle que de l'état du laboureur. Le sol des campagnes de Lille, par exemple, est glaiseux, froid, humide, et ne rendrait, à de mauvais cultivateurs, que de faibles produits. Mais l'agriculteur de Lille est aisé et instruit, et la terre se couvre chaque année des plus riches récoltes. Les agronomes les plus célèbres d'Angleterre et de Suisse avouent, dans leurs ouvrages, qu'ils se sont instruits à l'école des simples fermiers flamands.

- L'état des communications a sur la prospérité de chaque pays une influence qu'on ne saurait méconnaître. Si les campagnes de Lille n'étaient pas coupées par des canaux et des routes pavées, on ne parviendrait point à approvisionner 250,000 personnes et leurs manufactures. La population y serait plus rare, les fabriques moins nombreuses, l'agriculture moins parfaite, et le peuple moins heureux. Mais les communications artificielles, ces causes fécondes de richesse, ne sont elles-mêmes que les effets de causes plus puissantes, les bonnes institutions. La campagne de Lille est le pays le mieux cultivé, le mieux percé de routes et de canaux, le plus commerçant et le plus riche, parce qu'il fut long-tems le plus libre. Il était exempt d'impôts indirects, de monopole, de corvées et même de droits féodaux; et ses administrateurs avaient le pouvoir de créer les améliorations nécessaires. Les autres parties du département, soumises à un régime plus arbitraire, n'ont encore ni les communications qui leur sont indispensables, ni les avantages qu'elles donnent, ni les institutions qui les font établir.

Pour répandre dans tout le département du Nord les bienfaits de la belle culture et du commerce de Lille, et pour élever encore cet arrondissement à un plus haut degré de prospérité, il n'est nullement nécessaire d'emprunter des peuples anciens les plus célèbres, ou des peuples nouveaux les plus puissans, des institutions fécondes en bons résultats. Il faut bien moins les demander à des hommes spéculatifs, étrangers au commerce, à l'agriculture, et aux habitudes de la campagne. Dunkerque nous offre le modèle le plus parfait d'une bonne administration intérieure. Dans cet arrondissement les propriétaires des terres basses, appelées terres à Watteringues, nomment des Commissaires, et les chargent de lever des impôts et d'en régler l'emploi. Au moyen de cette organisation particulière, autorisée par l'esprit des lois anciennes, établie par des lois nouvelles, ce pays est, sans contredit, l'un de ceux de l'Europe, où l'on remarque la prospérité la plus rapide, et où l'on compte le plus grand nombre de propriétaires éclairés, de bons administrateurs, et d'hommes dignes de rendre à la France de grands services. Une institution aussi parfaite produirait, sans doute, d'aussi heureux effets dans les autres parties du royaume. Montrer les avantages de cette institution, l'utilité des concessions, la facilité d'en rétablir l'usage en France, et les résultats obtenus et à espérer par ce système dans le département du Nord, tel est le but de cette Notice, qui est l'extrait d'un travail plus long que nous avons entrepris.

DE LA NAVIGATION INTÉRIEURE

DU DÉPARTEMENT DU NORD,

ET PARTICULIÈREMENT

DU CANAL DE LA SENSÉE.

Nous examinerons successivement l'état de la Navigation du département du Nord ; son influence sur l'agriculture et le commerce ; les causes de l'inégale distribution des routes et des canaux dans les différens arrondissemens ; les divers modes d'exécution des travaux publics, et les différens ouvrages entrepris ou projetés dans le département depuis 1816. Nous donnerons plus particulièrement des détails sur le canal de la Sensée exécuté par une compagnie.

DE LA NAVIGATION INTÉRIEURE

DU DÉPARTEMENT DU NORD,

Et de son Influence.

La navigation de ce département est toute artificielle. On y compte 22 canaux, ou rivières canalisées ; c'est-à-dire, plus d'un sixième de tous ceux de la France.

Ces canaux, exécutés à diverses époques et dans différens buts, ont entr'eux peu de liaison et d'ensemble ; ils restent dans leur premier état d'imperfection, et chacun représente l'état de la science à l'époque où il fut créé. On remarque, par exemple, sur la Lys les premières écluses faites en France; et sur les autres rivières, les différentes modifications apportées à la première découverte.

La plupart des écluses sont simples, et se ferment tantôt par des planchettes et poutrelles, et tantôt par des vannes verticales et tournantes : systèmes vicieux, qui rappèlent l'enfance de l'art, occasionnent beaucoup de perte d'eau, et ne procurent qu'une navigation incertaine et mauvaise.

Jusqu'en 1790, les produits des péages furent employés à l'entretien des travaux d'art, qui ont été réparés d'après le même système d'imperfection ; mais depuis cette époque les péages ont été distraits de leur véritable destination, la réparation des canaux, et consacrés à quelques monumens de magnificence et de luxe. Ainsi, pendant qu'on élevait à grands frais des ouvrages improductifs, on négligeait l'entretien des canaux utiles, sur lesquels des fonds considérables étaient prélevés. Maintenant les canaux du Nord sont à la fois imparfaits, et en mauvais état.

La navigation est partout lente, difficile et dangereuse. Elle ne sert qu'au transport des matières grossières et de peu de valeur comme pierres et charbon. Les bateaux, par cette raison, retournent presque toujours vides aux carrières et aux mines.

Tel est l'état de la navigation du département qui passe cependant, et avec raison, pour celui de la France le mieux percé de canaux : la plupart des travaux restent à faire.

Quelque défectueuse cependant que soit encore cette navigation, son influence (1) est aperçue par les yeux les

_____

(1) Pour mesurer l'influence des travaux publics sur la prospérité du pays, nous avons fait, par arrondissement, la comparaison des valeurs

moins exercés. La prospérité de chaque arrondissement est
pour ainsi dire exactement déterminée par le nombre et
l'état des communications. Sur les bords des canaux et des
routes (1), l'agriculture est parfaite, les manufactures nombreuses, les habitations élégantes ; la population pressée,
active et heureuse ; tandis que loin des canaux et des routes,
les cultivateurs sont enfermés au milieu de leurs inutiles
richesses, et condamnés à porter, ou traîner eux-mêmes,
comme des bêtes de somme, les récoltes et les engrais. Ils
sont réduits, comme les colons d'Amérique, au seul genre
d'industrie profitable dans de telles localités. Ils élèvent et
engraissent des troupeaux qui, se portant eux-mêmes et
à peu de frais, sont vendus avec profit même dans les
marchés éloignés.

Les contrastes remarquables que présentent des arrondissemens voisins, soit dans l'état de l'agriculture et du commerce, soit dans le caractère et la richesse des habitans,
ne doivent pas être uniquement attribués à l'influence des
communications intérieures. Les canaux ne sont eux-mêmes
que le fruit d'une administration plus parfaite. Comme chaque arrondissement du Nord avait autrefois une adminis-

des routes et canaux, et du capital foncier. Nous avons trouvé qu'un
million dépensé en routes et canaux augmentait de dix millions la richesse des cantons riverains. Quelque variable que soit, en général, ce
rapport dans chaque localité, on peut s'assurer que dans toutes l'accroissement de la richesse publique, occasionné par des travaux, est plus grande
que leur valeur.

(1) Des canaux isolés ne suffisent pas pour faire fleurir les pays qu'ils
traversent ; il faut encore qu'ils communiquent d'une part avec la mer,
et de l'autre, avec les grands fleuves intérieurs. Il faut surtout qu'ils
soient eux-mêmes recoupés en tout sens par un grand nombre de petits
canaux ou de routes, qui font circuler les richesses et les multiplient
par la promptitude des échanges.

tration, pour ainsi dire, à part, et jouissait de plus ou
moins de liberté, l'état des canaux et des routes dans chacun
est différent; les hommes même conservent encore un
langage, des habitudes et une physionomie distincts,
que ni la révolution, ni les invasions, ni la guerre, ni la
paix n'ont pu effacer. Il semble que des institutions particulières agissent plus fortement, et laissent une empreinte
plus profonde que des lois générales qui ne conviennent
jamais à toutes les localités.

Nous considérerons les différens arrondissemens sous le
point de vue des travaux publics, et nous tâcherons d'ex-
pliquer les causes qui ont multiplié les routes et les richesses
dans quelques-uns, et celles qui en ont arrêté l'exécution
dans d'autres.

ARRONDISSEMENT DE DUNKERQUE.

Les deux tiers de l'arrondissement de Dunkerque, se
trouvant au dessous du niveau de la mer, ainsi que la
Hollande, furent inondés en 1793 par mesure de défense.
Les sept années suivantes, le sol imprégné de sel fut
presque stérile et le peuple devint très-malheureux. On lui
accorda, par cette raison, le privilége de se régir. Les
propriétaires de terres des Watteringues ont, depuis cette
époque, le droit de se réunir, de nommer des commissaires,
et de les revêtir d'un grand pouvoir. Ces commissaires, ou
administrateurs, choisis parmi les propriétaires les plus
éclairés (1), établissent des impôts, en règlent l'emploi,

_____

(1) Le président de l'une des sections de Watteringues M. Florent
Desgraviers ne se borne pas à faire voter les routes et les canaux utiles
et les fonds nécessaires à leur exécution, il introduit dans sa terre qu'il
habite neuf mois de l'année les meilleures méthodes de culture de Flandre

arrêtent sur les lieux les projets avec les ingénieurs, et les font exécuter dans l'année même.

La seule mesure de sûreté, prise par la loi, est l'obligation imposée aux commissaires de faire approuver chaque acte par le Préfet. Cette précaution prévient tous les abus, sans occasionner des retards dans la marche des affaires, car le Préfet seconde de tout son pouvoir une institution aussi utile.

Cette administration paternelle jouit d'une telle considération qu'elle obtient librement des contribuables plus de 200,000 fr. par an ; et l'influence des travaux qu'elle exécute est si prompte qu'en moins de dix ans les terres des Watteringues ont doublé de valeur. Ce pays prospère aussi vite que les États-Unis d'Amérique et par les mêmes raisons. Chaque année on ouvre des chemins ; on construit des écluses, des canaux de dessèchement et d'irrigation ; la population croît rapidement ; des fermes s'élèvent de toutes parts ; l'agriculture fait des progrès rapides ; et déjà l'on remarque sur ces terres, naguères marécageuses, des récoltes superbes en lin, colza, cultures précieuses qu'on jugeait autrefois privilégiées et particulières au seul arrondissement de Lille.

Si le pays des Watteringues, maintenant si riche, était soumis à la loi commune ; si le droit de s'imposer extraordinairement lui était refusé, en moins de trois années il rentrerait sous l'eau.

Il paie, il est vrai, des contributions presque doubles (1) ; mais il nomme lui-même ses administrateurs ; vote libre-

---

et d'Angleterre, élève avec succès des mérinos dans des terrains bas qui semblent si nuisibles aux moutons, essaie les arbres et les plantes qui conviennent le mieux au sol et au climat, et contribue puissamment, ainsi que d'autres propriétaires riches et instruits des villes de Dunkerque, Bergues et Bourbourg, à la prospérité si rapide de cet arrondissement.

(1) Ce n'est pas la quotité des impôts qui contribue davantage à

ment les impôts; les paie à terme et s'enrichit. C'est par
cela même que le pays des Watteringues a le droit de
s'imposer extraordinairement; que les contributions sont
acquittées avec exactitude. Au moyen des contributions particulières les travaux nécessaires sont exécutés; le pays est
préservé des inondations, et jouit d'une prospérité plus
rapide qu'aucune autre partie du royaume. Ne doit-on pas
supposer que la même faculté de s'administrer, accordée
aux autres arrondissemens de France, procurerait les mêmes
résultats?

Il faut attribuer à l'influence de l'administration des
Watteringues, le bon état des canaux de l'arrondissement
de Dunkerque. Ce pays contribue pour moitié dans la dépense des ouvrages publics, et laisse à l'Etat la propriété
entière des canaux exécutés et des péages perçus. Le
Gouvernement est donc intéressé à ordonner les canaux
que demande l'administration des Watteringues.

ARRONDISSEMENT D'HAZEBROUCK.

Cet arrondissement se trouve aussi dans un cas d'exception, et, pour ainsi dire, hors de la loi commune. Mais
cette exception lui est aussi funeste qu'elle est utile au pays
des Watteringues; d'après un système de défense qui semble
aussi contraire aux lois qu'aux idées militaires, généralement
adoptées, on s'oppose à l'ouverture des canaux et des routes.
En vain les conseils du département et de l'arrondissement,
et les Préfets, ont demandé l'exécution des travaux indispensables que les habitans offrent de payer. Les ouvrages

---

écraser les peuples; c'est bien plutôt l'arbitraire qui leur ôte la certitude
de conserver, la volonté d'acquérir, et détruit à la fois les sources des
richesses publiques et particulières.

sont ajournés, et ces malheureux cultivateurs restent comme séparés de la France par la difficulté des communications.

Sous Louis XIV, les habitans contribuèrent à détruire une armée ennemie engagée dans ce pays coupé de haies, et reçurent pour récompense l'exemption des impôts indirects.

Depuis 1790, ils ont perdu cette franchise, et n'ont point obtenu le droit d'ouvrir des chemins, même de village à village. La plupart des projets d'amélioration ayant été ajournés, il faut attendre, pour les reproduire, que le Gouvernement décide par une loi qu'aucune considération militaire ne peut priver un pays de la jouissance des droits communs, et de la faculté d'établir des communications (1).

Tout reste à faire dans l'arrondissement d'Hazebrouck, relativement au service des ponts et chaussées.

ARRONDISSEMENT DE LILLE,

ET PARTIE DE CELUI DE DOUAI.

Ces arrondissemens, où la population des villes est presqu'égale à celle des campagnes, furent long-tems les pays les plus libres de la France et de l'Europe, et c'est par cela même qu'ils devinrent très - commerçans et les mieux cultivés. Avant 1790, ils étaient exempts de monopole, d'impôts indirects, et de la gêne des douanes placées alors sur l'extrême frontière.

---

(1) Il nous semble qu'on devrait autoriser, dans tout le royaume, l'ouverture des canaux et des routes nécessaires, et que le meilleur système de défense est celui qui procure au peuple le plus d'avantages, lui enlève la plus faible portion de sa liberté et de ses droits, et lui fait ainsi redouter davantage tout changement. Son dévouement, dans ce cas, et sa liberté gardent mieux les frontières que les places les plus formidables entourées ou remplies d'une population malheureuse ou mécontente.

La révolution surprit ces villes au milieu de leur prospérité, et en arrêta le cours. A peine l'ardeur des habitans pour le travail, leur aptitude au commerce et cette passion innée dans l'homme, qui le pousse sans cesse à améliorer son sort, ont-ils pu suffire pour les mettre en état d'acquitter les impôts de toute nature et les charges des invasions. Maintenant le commerce des villes est moins florissant qu'autrefois, parcequ'il est moins libre. Les campagnes, au contraire, favorisées par la révolution, peu maltraitées par les exercices, prospèrent, mais moins rapidement qu'autrefois. Avant 1790 elles étaient exemptes de dîme, de droits féodeaux et d'impôts indirects, et ne payaient que de faibles contributions. L'ancienne administration de ces contrées entretenait à ses frais les routes et les canaux, destinait chaque année de gros capitaux à ces ouvrages, et en exécutait souvent de neufs.

La Flandre, depuis 1790, n'ayant plus la facilité de s'imposer au delà de certaines limites, et se trouvant ainsi assimilée aux départemens les plus pauvres et à ceux montagneux où les routes ne coûtent que peu d'entretien, est condamnée à rester stationnaire. Les améliorations nécessaires à la prospérité de ces deux arrondissemens ne seront faites que lorsque la loi donnera aux conseils des villes et des communes, comme à Dunkerque, la faculté de prélever des fonds et de les employer, sous la direction du Préfet, à l'ouverture des communications intérieures.

La vallée de la Scarpe, près de Douai, est administrée à l'instar des Watteringues. Les commissaires, nommés par les propriétaires des terres basses et sujettes aux inondations, ont aussi le droit de fixer des impôts, et d'en voter l'emploi. Leurs décisions, sanctionnées par le Préfet, ont force de loi et sont immédiatement exécutées. Le pays, par cette raison, prospère rapidement, mais moins vîte que les Watteringues, parceque l'organisation des propriétaires de la Scarpe en société est moins parfaite; les membres de la commission n'ont pas assez de pouvoir. On doit cependant citer ces deux institutions comme modèles, en raison de la simplicité des moyens et de l'efficacité des résultats.

Il reste encore à faire dans les deux arrondissemens de Lille et de Douai, plusieurs embranchemens de routes et de canaux.

ARRONDISSEMENT D'AVESNES.

Ce pays, connu sous le nom de Hainaut français, est tel encore que César l'a décrit. Il est coupé de fossés et de haies bien moins destinés, comme il le dit, à la défense de la contrée qu'à la garde des troupeaux abandonnés sans bergers dans ces enclos neuf mois de l'année.

Les routes romaines qui le traversent ne furent ouvertes que pour le passage des hommes et des chevaux; elles sont en terrain naturel, sans pentes réglées, très-rapides et presque impraticables pour les voitures.

Dans le dernier siècle on ouvrit aux extrémités de ce pays trois grandes routes qui furent tracées en ligne droite à travers les montagnes et les vallées. La rapidité des pentes rend les transports difficiles et chers.

Le cœur de l'arrondissement est surtout sans communications; il est comme fermé par une grande forêt, que le système actuel de défense empêche de percer par des routes.

Cet arrondissement doit être considéré comme privé de navigation. La Sambre qui le traverse, et passe inutilement aux pieds de belles forêts, de carrières de marbre inépuisables, et de riches mines de charbon, n'est pour ainsi

3

dire pas navigable. Les barrages autrefois établis sont en ruine et ne servent plus qu'à détourner les eaux vers des usines.

Jamais cet arrondissement n'a joui, comme les autres, de la faculté de s'imposer pour exécuter des routes et des canaux; c'est par cette raison que tout reste à faire, et que le pays est sans commerce et sans fabriques. Son agriculture est aussi peu avancée que celle de nos départemens de montagnes et des environs de Paris, où on laisse en jachère près du tiers des terrains.

Ce pays, en peu d'années, changerait de face et deviendrait l'un des plus riches de France, si on lui donnait, comme à Dunkerque, la faculté d'exécuter les routes et les canaux qui lui sont nécessaires.

Plusieurs fois les conseils de cet arrondissement et du département ont voté ces différens ouvrages que des capitalistes proposent d'entreprendre à leurs frais. Le Gouvernement peut seul lever les obstacles qui s'opposent à leur exécution.

Il est nécessaire de rappeler encore que cet arrondissement est comme placé hors de la loi, et qu'il ne peut obtenir, par cette raison, aucun des avantages que la liberté a procurés aux campagnes de Dunkerque et de Lille.

Le sort d'Avesnes dépend de la solution de la question suivante : La prospérité d'un pays doit-elle être sacrifiée à un système de défense, lorsque nulle loi ne le consacre, et lorsque l'opinion de tant d'habiles généraux le condamne ? Tant que cette question ne sera ni discutée ni résolue, le pays subira la peine de la condamnation, comme si elle eût été prononcée.

DES DIFFÉRENS MODES

Et du meilleur mode d'exécution des travaux publics.

Avant de présenter des projets de canaux, nous nous sommes occupés à étudier et à comparer les différens modes d'exécution. Nous examinerons les principaux.

PREMIER MODE.

L'Etat fait tous les frais.

Lorsqu'un Gouvernement ordonne lui-même et paie les travaux, il adopte de préférence les projets étendus et difficiles qui rendent célèbres les ministres et les ingénieurs. Les ouvrages sont entrepris sur de grandes dimensions, exécutés en matériaux superbes, et dès leur origine la renommée s'empresse d'en constater tous les progrès. Mais ordinairement une guerre, un changement de ministre, ou la mort de l'ingénieur auteur du projet les fait suspendre; l'Etat reste alors responsable des augmentations et de toutes les pertes. Rarement de tels travaux se finissent, et plus rarement encore ceux qu'on achève rapportent un revenu proportionné aux dépenses.

On dira qu'il faut à une grande nation des monumens publics et des ouvrages de luxe qui frappent d'étonnement les étrangers. Mais ne devrait-on pas réserver la pompe de l'architecture aux temples de la Divinité et aux palais des Rois? et pense-t-on que l'étranger, après avoir admiré nos ponts fastueux de quatre à cinq millions chacun, ne sait point remarquer le dénuement des provinces, où les habitans dans quelques-unes sont forcés de passer les rivières et les torrens sur des pierres isolées, ou des poutres, et même, comme les animaux des forêts, de se mettre dans l'eau au détriment de leur santé, et au péril de leur vie? Si ces ponts magnifiques, l'orgueil de nos villes, eussent été faits par des compagnies et payés par ceux qui en profitent, le capital d'un seul eût suffi pour construire dans les campagnes cinq cents ponts dont chacun est aussi nécessaire à la prospérité de la France qu'un pont de la capitale.

Ce mode d'exécution nous paraît funeste aux vrais intérêts de la communauté.

DEUXIÈME MODE.

Emprunt.

Le Gouvernement peut faire des emprunts, ordonner à ses frais les travaux, et concéder les péages à titre de remboursement. Ce mode est préférable au premier, parce que le contrat passé assure l'achèvement des ouvrages; mais il est vicieux dans ce sens que le Gouvernement paie les accidens, les augmentations de dépense, et supplée aux diminutions de recette.

TROISIEME MODE.

Partage de la dépense entre l'Etat et le pays.

Lorsque la dépense est payée moitié par l'Etat et moitié par le pays, et que l'Etat se réserve la propriété du fonds et la totalité des péages, ce mode d'exécution est sans contredit bien préférable aux précédens, puisque le trésor achète à moitié prix la totalité d'une propriété précieuse qui le rembourse de ses avances et fait croître indirectement ses autres revenus. Dans ce cas le Gouvernement a pour garantie du succès de l'entreprise le vote libre des propriétaires qui ont demandé et payé les travaux.

Peut-être serait-il plus avantageux encore à l'Etat de céder les péages à une compagnie qui exécuterait les travaux à ses frais, et n'exigerait du pays qu'un faible contingent.

L'Etat aurait de même la garantie de l'achèvement des ouvrages, et serait exempt de supporter les pertes et les dépenses imprévues; mais il devrait alors laisser au pays la
faculté de prendre l'entreprise aux mêmes conditions que
la compagnie.

QUATRIÈME MODE.

Concession conditionnelle et limitée à des compagnies.

Quand le Gouvernement en concédant les travaux à des
compagnies leur impose la forme et les dimensions des
ouvrages et limite la durée des péages, il est forcé de leur
accorder des indemnités en compensation de ces conditions
onéreuses. Dans ce cas, l'Etat n'est pas exposé à d'autres
dépenses que celles consenties; mais rarement il retire de
ces restrictions un avantage proportionné aux sacrifices
qu'elles lui nécessitent. Les précautions qu'il prend pour
assurer la durée des travaux paraissent superflues, parce
qu'une compagnie, de qui on exige une garantie suffisante
d'expérience et de fortune, ne manque jamais de donner
aux ouvrages les dimensions les plus convenables et le degré
de solidité nécessaire.

Ce mode nous semble, il est vrai, bien supérieur aux premiers, mais susceptible de perfectionnement.

CINQUIÈME MODE.
Concession absolue.

Si le Gouvernement donne en toute propriété, ou pour
un tems limité, la concession d'un canal et d'un droit fixe
à percevoir au passage à la condition que la compagnie
concessionnaire paiera toute la dépense, nul doute que ce
système ne soit de beaucoup préférable à tous les autres.
Aussi n'existe-t-il de navigation complète que dans les pays

où ce principe fait la base de la législation des travaux publics. Partout où les canaux sont à la charge de l'État les ouvrages restent imparfaits, ou sont mal entretenus. Le Gouvernement anglais, par exemple, n'a commencé qu'un seul canal et ne l'a pas encore achevé; tandis que des compagnies anglaises, dans le même tems, en ont exécuté un grand nombre à leurs frais.

D'après les considérations précédentes, nous avons proposé dans le département du Nord l'adoption du troisième mode et du cinquième mode de concession, qui nous paraissent être les meilleurs. Dans le premier cas, le trésor et le pays paient chacun moitié de la dépense et l'État conserve la propriété entière des recettes et des travaux. Dans le second cas les concessionnaires avancent les dépenses et reçoivent en remboursement les péages pour un tems déterminé. Le péage, ainsi perçu par une compagnie qui a ouvert un canal ou une route, n'est point un impôt; nulle force n'oblige de passer et de payer, rien n'est imposé. Le cultivateur et le négociant restent maîtres de suivre les anciennes routes; s'ils veulent profiter de la nouvelle, ils doivent contribuer au remboursement des avances.

Il reste à montrer que l'abandon de plusieurs travaux entrepris par concession, ne doit pas être attribué à ce mode d'exécution. Les concessions faites en France de canaux de navigation, d'irrigation et de desséchement qui n'ont pas eu d'heureux résultats, furent données comme faveurs à des personnes qui n'avaient ni expérience ni capitaux et qui songèrent bien plus à vendre leurs priviléges qu'à exécuter les ouvrages. De pareilles spéculations durent tourner et tournèrent en effet à la ruine de ceux qui avancèrent des fonds et au détriment du public par l'abandon des travaux et le discrédit des concessions. On ne pourrait redouter aucun de ces inconvéniens si la loi exigeait des concessionnaires la garantie de l'instruction, de l'expérience, et de la fortune, et la consignation de la moitié des capitaux nécessaires à l'entreprise.

DES DIVERS TRAVAUX

Exécutés dans le département du Nord, depuis quatre ans.

La plupart des travaux utiles au département, et les plus vivement réclamés par les autorités locales, ayant été successivement écartés par des considérations militaires, on s'est attaché à perfectionner la navigation intérieure, à coordonner les différens canaux et rivières entre eux, à les lier par d'autres canaux, afin d'établir une communication prompte et continue entre Lille et les différentes villes du département, entre les usines et les fabriques qu'elles alimentent, et surtout entre Dunkerque et Paris. Dans le choix des différens modes de concession, on a pris pour modèle la législation des travaux publics préparée par Henri IV et suivie par ses premiers successeurs. On a pensé que les canaux de Briare, d'Orléans et de Loing qui n'ont rien coûté à la France lui ont été par cela même plus profitables que le canal de Languedoc et autres ouvrages projetés avec luxe, entrepris au compte de l'État et des provinces et qui ne rendent pas de revenus directs.

Il était peut-être plus difficile dans ce département, que dans tout autre de faire exécuter des travaux publics par des compagnies, parce que vingt fois les Gouvernemens de la révolution ont exigé des contributions pour l'exécution de travaux indispensables, et les ont employés à d'autres usages, méconnaissant les besoins du pays et violant la foi promise. Dans ces tems, les villes de Lille et d'Hazebrouck ont perdu la propriété des canaux qu'elles ont fait exécuter à leurs frais. Comment de nouvelles concessions seraient-elles considérées comme sacrées lorsque les anciennes n'ont pas été respectées ?

Tout semblait donc annoncer l'impossibilité de rétablir dans le Nord le système de concession, ou la confiance qui en est le fondement. Cependant telles ont été la puissance du Gouvernement constitutionnel du Roi, la fidélité de M. le Directeur général des ponts et chaussées à remplir ses engagemens, et la sollicitude de M. le Préfet à faire aimer et respecter les lois, que tous les obstacles ont été vaincus; les différens essais de concession ont réussi. Maintenant la confiance est entière ; des capitalistes se présentent, et l'État peut disposer d'une somme de dix millions offerte par des compagnies pour l'exécution des travaux demandés par le département. Nous allons indiquer les principaux ouvrages concédés ou proposés depuis quatre ans.

CANAL DE MONS A CONDÉ.

Le Gouvernement français, maître de la Belgique, avait entrepris, en 1805, d'ouvrir à ses frais un canal artificiel de Mons à Condé, en remplacement de la navigation eu lit de rivière de la Hayne ; mais comme il est dans la nature d'un Gouvernement absolu de n'achever que rarement les travaux qu'il commence, de n'accorder les fonds que par petites parties, et de suspendre les paiemens à la première guerre, le canal de Mons à Condé n'était point terminé en 1814; il restait à faire deux sas, des ponts et des terrasses.

Au commencement de 1817, la première écluse et autres ouvrages accessoires, furent concédés pour cinq ans et demi, et le droit de péage fixé à 12 centimes par tonneau au passage de l'écluse. Trois mois après, les ouvrages étaient achevés, et le frêt réduit de 2900 fr. à 1900 fr. par bateau et par voyage.

Peu de tems après, le Gouvernement concéda de même la seconde écluse et les travaux accessoires aux mêmes conditions. On rencontra dans leur exécution des sables bouillans, des sources abondantes, de grands obstacles et les résistances que l'intérêt particulier oppose souvent aux entreprises nouvelles. M. le Préfet par sa fermeté leva les difficultés morales; les concessionnaires poussèrent les travaux avec autant de rapidité que de bonheur; le canal fut achevé, la navigation établie, et le frêt tomba de nouveau de plus de moitié, c'est-à-dire de 1900 fr. à 900 fr., diminution qui doit continuer à mesure que les autres améliorations seront faites.

Cette réduction instantanée du frêt et la facilité de la navigation ont d'abord surpris et mécontenté les bateliers; maintenant ils en apprécient les avantages; ils mettent trois fois moins de tems à chaque voyage, et en entreprennent de plus étendus. On espère obtenir avant un an une nouvelle économie de tems et de dépense, et arriver à la suppression du transport par terre des matières premières.

L'établissement du système de concession dans le département du Nord dépendait uniquement de ces premiers essais. S'ils n'eussent pas réussi, le premier concessionnaire aurait renoncé à de pareilles entreprises, et nul capitaliste n'eût osé exposer ses fonds dans ces spéculations hardies. Mais le succès a été complet; aussi de toutes parts des compagnies qui présentent les garanties désirables offrent d'exécuter de grands travaux à leurs frais.

Cette heureuse expérience fait voir qu'il eût été plus avantageux de concéder, dès le principe, à une compagnie le canal de Mons à Condé; en deux années le concessionnaire eût achevé les travaux; en six ans il en eût été remboursé; ainsi l'état aurait joui plus tôt de cette communication, et eût épargné les capitaux qu'il y a dépensés. Mais

4

le Gouvernement précédent, qui avait plusieurs fois violé la foi promise, n'inspirait pas assez de confiance; les concessions ne pouvaient être faites qu'à des conditions onéreuses, et seulement dans des cas très-particuliers.

RIVIÈRE CANALISÉE DE L'ESCAUT.

L'Escaut qui communique d'une part au canal de Saint-Quentin et de l'autre aux différens canaux du département, est peut-être la rivière canalisée la plus importante du Nord. Il est donc bien essentiel d'en perfectionner les ouvrages, et de les entretenir en bon état. Plusieurs écluses sont simples, les biez ont beaucoup de longueur et de pente; les travaux d'art sont défectueux et menacent par leur chûte d'interrompre le passage.

Le projet général de restauration est rédigé et en grande partie arrêté; deux écluses ont été entreprises par concession et sont achevées. Les autres travaux qui restent à faire doivent être concédés à des compagnies; on espère que cette navigation essentielle sera perfectionnée et comme recréée dans le cours de 1821.

M. Brégeon, ingénieur ordinaire, chargé de l'arrondissement de Valenciennes, a montré beaucoup de sagacité et de zèle dans la direction des ouvrages, ainsi que dans les opérations et travaux préliminaires.

CANAL DE LA SENSÉE.

Ce canal établit derrière les places et loin des frontières une communication directe par la Scarpe et l'Escaut, entre toutes les villes du Nord, et surtout entre Dunkerque et Paris par Douai et Cambrai.

Le Gouvernement convaincu des avantages de ce canal, en avait autrefois ordonné l'exécution, mais trois fois la guerre fit abandonner les travaux à peine commencés.

En 1818 un projet de concession fut proposé et adopté ; la fin de 1818 fut employée au règlement des indemnités ; en juin 1819 on ouvrit la campagne ; et en octobre 1820 la navigation a été établie pour ne plus être interrompue. Ainsi, en moins de dix-sept mois, tous les travaux ont été exécutés ; ce qui est peut-être sans exemple.

Ce canal a 25,000 mètres de longeur, 10 mètres de large dans le fond, 18 mètres au niveau de l'eau, 2 mètres de tirant d'eau, 3 mètres de profondeur totale, des talus de deux pour un, et deux chemins de halage de huit mètres de largeur chaque. Les travaux d'art consistent en cinq sas, sept ponts fixes, un pont mobile, deux déversoirs, des buses en maçonnerie, etc. Il a coûté 1,520,000 francs et 1,750,000 francs y compris les travaux accessoires de l'Escaut et de la Scarpe, qui consistent en travaux de terrasses et en trois sas, un sur l'Escaut et deux sur la Scarpe.

La rapidité de l'exécution et le succès de l'entreprise doivent être principalement attribués à l'influence du système de concession, au zèle de M. Vallée, ingénieur ordinaire de beaucoup de mérite attaché à ce canal, et à l'expérience du concessionnaire M. Honnorez, le constructeur du canal de Mons à Condé. Ce concessionnaire qui avait les ouvriers et les équipages nécessaires et des ateliers montés n'a eu besoin que de transporter et de replacer sur le nouveau canal les hommes et les machines.

Les tracés ont été faits avec tant de soin et les ateliers si bien organisés qu'en un seul jour et en quelques heures 3000 paysans des environs furent placés et travaillèrent sans confusion, comme si ces ouvrages leur eussent été familiers.

L'ordre constant qui a régné partout n'a pas été l'effet d'une administration nombreuse : trois chefs ouvriers et le concessionnaire ont suffi pour tout diriger, et ce qui est sans exemple l'administration n'a pas reçu une seule plainte d'ouvriers ou de riverains, parce que les paiemens ont été réguliers et les conditions bien remplies.

Le concessionnaire a surtout montré beaucoup de capacité dans la conduite des ouvrages d'art, et dans la combinaison des moyens d'exécution. Il a commencé le canal aux deux extrémités, et ouvert la navigation sur le premier biez de chaque côté. Par ce moyen, des bateaux arrivaient des carrières par la Scarpe et l'Escaut, et conduisaient sur place les matériaux nécessaires à la construction des écluses et des ponts. A mesure qu'une écluse était faite les bateaux la franchissaient pour porter au-delà les pierres et les briques.

L'exécution du canal de la Sensée prouve que sous quelque point de vue qu'on envisage le mode d'exécution des travaux publics par concession on le trouve préférable à celui jusqu'ici adopté.

Si l'Etat eût entrepris une quatrième fois le canal à son compte, il est probable qu'il n'aurait accordé chaque année que la dixième partie des fonds; le canal n'aurait pas été achevé avant dix ans; les 3000 ouvriers qui ont été employés fussent restés sans travail; et l'ouvrage qu'ils ont fait eût été à peine commencé. Ainsi le capital de 1,750,000 fr. qui a été ajouté à la richesse nationale est un gain entièrement dû au système de concession.

Deux cents jeunes paysans, auparavant oisifs par le défaut d'occupation, sont devenus pendant ces travaux maçons, charpentiers, tailleurs de pierres, fabricans de briques, etc.; la valeur de leurs journées a doublé.

On ne craint pas, lorsqu'un ouvrage est donné à une compagnie qui offre des garanties, qu'elle cherche à économiser sur la quantité et la qualité des matériaux. Le concessionnaire de la Sensée a augmenté les épaisseurs des murs et au lieu de construire en briques les paremens des ponts et des écluses, il les a faits en grès, pierre qui coûte cinq fois plus cher, mais sur laquelle les siècles passent sans laisser d'empreinte.

Le système de concession est également le plus commode pour les ingénieurs. Si l'État eût entrepris à son compte un canal semblable à celui de la Sensée, trois ingénieurs ordinaires eussent été nécessaires pour en diriger et surveiller l'exécution. Un seul ici a suffi, et tout en remplissant ses fonctions avec beaucoup de soin et de zèle, il a trouvé assez de loisir, pendant la durée des travaux, pour s'occuper des sciences et en étendre le domaine.

Dans la direction des ouvrages par concession, les ingénieurs ne sont point condamnés à une surveillance minutieuse. Ils ont le tems de se livrer aux recherches et aux études qu'exigent les difficultés de la science, ou la composition des grands projets.

L'exécution du canal de la Sensée a donné lieu à quelques observations intéressantes sous le point de vue de l'art; nous en citerons quelques-unes :

On considère assez généralement les terrains tourbeux comme les plus dangereux. Cette opinion s'était accréditée par le témoignage d'écrivains célèbres qui rapportent les détails d'accidens graves arrivés dans de pareilles localités, et par les méthodes suivies dans la construction de plusieurs canaux où l'on a évité d'entamer la tourbe et préféré faire en remblais, sur un sol tourbeux, des digues en terre végétale prise à de grandes distances. De pareils exemples nous avaient inspiré de la défiance et des craintes; mais en examinant les tourbières ouvertes dans la vallée de la Sensée, nous avons reconnu au contraire que cette terre est imperméable, et se soutient presqu'à pic. Nous n'avons plus hésité de tracer la ligne du projet au milieu des tourbières de 10 à 15 pieds de profondeur. Les premiers essais ont justifié nos conjectures; et maintenant nous pouvons assurer, d'après l'expérience faite dans une vallée tourbeuse de quatre lieues de longueur, qu'un sol tourbeux est le plus favorable à l'ouverture d'un canal.

Nous pensons aussi qu'on peut sans inconvénient établir des ponts et des écluses dans une tourbe presque mouvante. Il est nécessaire alors de prendre les soins convenables dans l'établissement des fondations, et surtout d'employer de la chaux hydraulique. Trois écluses, celles d'Iwuy, de Fresnes et de Condé, ont été fondées dans une tourbe mêlée de sable bouillant; elles sont cependant solides, et n'ont pas éprouvé de tassement sensible. Voici les précautions qu'on a prises : le sol étant creusé et nivelé à la profondeur nécessaire, on y répandit sans épuiser à fond une couche générale de béton qu'on laissa reposer pendant un mois ; après ce tems le béton faisant masse les épuisemens devinrent faciles; on mit les fondations à sec, et on acheva d'établir régulièrement la couche générale de béton.

Le radier ayant été continué et terminé, les premières assises posées, on remit une seconde fois la maçonnerie sous l'eau, pour laisser durcir le mortier. Un mois après les maçonneries furent reprises et continuées sans interruption. Les assises sont parfaitement horisontales, et les ouvrages aussi solides que s'ils eussent été fondés sur le rocher. Le succès dépend surtout de la bonté de la chaux; si elle est grasse et peu hydraulique, le radier ne forme point masse, les bajoyers se tassent inégalement et s'écartent ou se rapprochent (1).

Quelqu'assurance qu'on ait de fonder avec solidité un ouvrage en maçonnerie sur de la tourbe, nous sommes loin

_____

(1) On a vainement cherché, dans quelques travaux, à prévenir ces inconvéniens en employant, dans des terrains tourbeux, des pilotis et des grillages. Ce mode de construction occasionne de grandes dépenses, empêche la liaison entre les parties, et contribue à la ruine de l'édifice.

de dire et de penser qu'on doive rechercher et préférer un sol semblable, et se créer ainsi des difficultés. Nous devons au contraire faire observer que l'emplacement des trois sas établis dans un terrain tourbeux était donné et forcé, et que partout où l'on a pu construire les travaux d'art sur des fondations solides et en rocher, on a détourné la ligne du canal pour y arriver.

Il est essentiel de remarquer qu'en traçant un canal dans une vallée tourbeuse, il faut s'écarter de la pente des côteaux, où l'on rencontre ordinairement une terre argilleuse, mobile qui cause des éboulemens, et de grandes dépenses.

Le canal de la Sensée qui est à point de partage est alimenté par la rivière de ce nom. Comme les eaux de la Sensée traversent des tourbières larges et profondes avant d'entrer dans le canal, elles se répandent dans ces vastes réservoirs, y déposent les vases qu'elles entraînent, en sortent toujours claires et également abondantes, et fourniront à un passage indéfini de bateaux; la navigation du canal de la Sensée par cette raison ne sera jamais interrompue.

En ouvrant les travaux de la Sensée nous n'avons pas proposé de poser avec solennité la première pierre d'une écluse. L'expérience a trop souvent montré que plusieurs ouvrages commencés avec pompe sont restés des siècles sans être achevés. Nous avons préféré ne parler de ce canal que pour annoncer son achèvement.

Les faits suivans disent assez l'utilité de cet ouvrage. La navigation y est établie depuis dix jours; elle n'a pas été annoncée; personne n'y était préparé, cependant la nouvelle s'en est aussitôt répandue dans le commerce, et déjà l'on demande à M. le Préfet, l'autorisation d'établir des barques de poste, de construire des chantiers et des magasins. Tout porte à croire que la belle agriculture des environs de Lille viendra bientôt enrichir la vallée de la Sensée autrefois marécageuse et exposée à des inondations périodiques et fréquentes.

CANAL DE LA SENSÉE, TRACÉ DE NIVEAU.

Nous avions proposé d'ouvrir le canal de la Sensée de niveau sur toute sa longueur, c'est-à-dire de la Scarpe à l'Escaut. Tout semblait favoriser et justifier ce projet. Le sas de Brebières sur la Scarpe est à peu près à la même hauteur que le bassin rond sur l'Escaut. La vallée de la Sensée et le lit de cette rivière sur les deux versans et jusqu'à l'extrémité du canal du Moulinet, ont peu de pente ; de ce dernier point jusqu'à Brebières le sol est excellent, peu incliné, très-régulier et parfaitement convenable à ce tracé ; rien n'était donc plus facile que d'ouvrir un canal de niveau, ou sans écluse, de la Scarpe à l'Escaut.

On évitait par ce projet la construction des écluses, la perte de tems à leur passage, et surtout les dépenses d'eau.

On aurait pu alors jeter à volonté l'Escaut dans la Scarpe, et réciproquement la Scarpe dans l'Escaut ; enrichir l'une de ces rivières avec les eaux de l'autre ; faciliter successivement leur navigation selon les besoins ; augmenter les moyens d'inondation des places de guerre ; procurer des irrigations sur toutes les terres comprises entre le canal de niveau et la Sensée, et créer à la fois des moyens puissans de prospérité par des distributions d'eau à toutes les manufactures qu'on aurait établies sur la rive droite du canal.

Ces différentes considérations déterminèrent d'abord l'adoption de ce projet ; mais ensuite des motifs tirés de la défense le firent modifier. La branche de l'extrémité du canal du Moulinet au sas de Brebières a été abandonnée et remplacée par une ligne droite tombant sur la Scarpe, et sur laquelle sont établis deux sas, rachetant 6^m 20 de chûte.

Le plan de la partie d'Aubenchœul jusqu'au bassin rond a été conservé tel que nous l'avions proposé pour le canal de niveau.

La carte jointe à cette notice indique le tracé actuel et celui de niveau que nous avions proposé.

L'étude que nous avons faite de ce tracé et des avantages que procurent les canaux de niveau nous font penser qu'il n'est presque pas de localités où il ne soit possible d'en creuser de semblables. Les grandes communications de la France à peine ébauchées ne procureront qu'une partie des services qu'on doit en attendre, même après leurs améliorations, si on n'ouvre pas, de distance en distance, des branches de niveau aux abords des villes et des mines voisines. Au moyen de ces travaux qui n'exigent ni écluse ni dépense d'eau, l'étendue de la navigation pourrait être décuplée en peu d'années.

Il en est à peu près des canaux comme des routes ; le commerce qui s'établit entre les deux extrémités est presque nul et celui qui a lieu entre les points traversés est aussi très-faible en comparaison des relations multipliées qui ont lieu de chaque côté, à plusieurs lieues de distance. Lorsque les grandes lignes seront achevées, il faudra jeter en tous sens des ramifications, afin de porter le commerce dans l'intérieur des terres.

On peut assurer que la France perd chaque année quatre cent millions en frais de transport qu'on épargnerait si les ouvrages nécessaires étaient exécutés, ou si on laissait aux compagnies la liberté de les entreprendre.

RIVIÈRE CANALISÉE DE LA SCARPE.

Le canal de la Sensée eût été inutile si la navigation de la Scarpe où il débouche, fût restée imparfaite et presqu'impraticable. Aussi la loi de concession de la Sensée

5

prescrit le perfectionnement de la Scarpe. La dépense des travaux s'élève à 600,000 francs; les projets sont arrêtés, et avant un an ils seront exécutés. Tout fait croire que la ville de Douai deviendra bientôt l'entrepôt et le centre d'un grand commerce, et en même tems l'une des plus belles villes du département.

M. Guillemot, ingénieur très-zélé, chargé de l'arrondissement de Douai, aura beaucoup contribué par son aptitude au travail et son mérite, au succès de cette belle entreprise.

CANAL DE BOURBOURG.

Ce canal, qui est une dérivation de l'Aa, fait communiquer cette rivière avec le port de Dunkerque; il est à la fois canal de navigation, d'irrigation et de desséchement; et intéresse ainsi le pays, le département et la France.

Ce canal peu profond, étroit, sinueux, avait été négligé depuis long-tems. Les ponts et les écluses tombaient en ruine; tout faisait craindre la submersion de dix lieues quarrées de terres basses. M. le Directeur général vint heureusement visiter Dunkerque en 1818; il parcourut la ligne du canal, reconnut la nécessité des travaux, sut inspirer la confiance aux propriétaires intéressés, excita leur zèle et promit d'accorder moitié des fonds à la condition que le département et les Watteringues paieraient le reste. Cette répartition a été consentie; le département a voté 50,000 fr., les Watteringues 200,000 fr., l'État a payé l'autre moitié; en deux campagnes, cette entreprise a été terminée.

On a eu soin dans la rédaction du projet d'augmenter l'ouverture des ponts et des écluses; de mieux déterminer leur emplacement; d'élargir le canal, de l'approfondir et de le redresser. C'est un ouvrage neuf. Il a été dirigé par M. Bosquillon, ingénieur très-instruit et fort habile, chargé des travaux du port de Dunkerque et de ceux de l'arrondissement de ce nom.

Par ce travail, l'Etat qui n'a payé que moitié de la dépense, et qui s'est réservé la propriété du fonds et des péages, s'est acquis un revenu de plus de 12 pour 100 du capital employé. Le pays de Watteringues en retire aussi beaucoup d'avantages ; les communications sont plus faciles et plus promptes et les moyens d'irrigation et de dessèchement sont mieux assurés et plus efficaces.

Il eût été peut-être à souhaiter que l'Etat eût concédé le canal à une compagnie avant son exécution ; les Watteringues auraient plus de garantie du bon entretien des travaux. Le Gouvernement quelle que soit sa prévoyance n'est pas maître de disposer des fonds nécessaires aux réparations des travaux. Les péages ne reçoivent de destination spéciale que par le budget, et après son approbation, c'est-à-dire, à la fin de l'année, lorsque les travaux adjugés devraient être terminés.

Le canal de Bourbourg fait partie de la grande communication de Dunkerque à Paris ; c'est dans le but surtout de la compléter et de l'améliorer, que M. le Directeur général a donné des fonds pour exécuter ce canal.

RIVIÈRES CANALISÉES DE LA LYS
ET DE LA DEULE.

La navigation de ces rivières est également imparfaite et difficile ; elle ne se fait que par rame ou convoi de bateaux, et à des jours éloignés. Les écluses sont simples, à planchettes et à poutrelles ; les ouvrages en maçonnerie sont affouillés et menacent ruine. On doit craindre que le passage ne soit bientôt interrompu.

Les projets de perfectionnement de ces rivières sont rédigés et soumis à l'approbation de M. le Directeur général. On en réclame de toutes parts l'exécution ; déjà des capitalistes proposent d'en payer la dépense, à la condition de recevoir les péages actuels pendant un certain nombre d'années.

Ces ouvrages achevés, la traversée de Dunkerque à Cambrai ne demanderait que quatre jours, tandis qu'il faut maintenant, et dans les circonstances les plus favorables, plus d'un mois pour aller de l'une de ces villes à l'autre. Le voyage de Dunkerque à Paris qu'on n'avait pas encore essayé par eau se ferait ensuite régulièrement en huit ou dix jours. On espère que dans la campagne prochaine ces différens travaux seront entrepris et achevés.

M. Cuel, Ingénieur distingué chargé de l'arrondissement de Lille, a travaillé avec un zèle infatigable aux projets de canaux de communication de la Deûle et de la Lys et à ceux de perfectionnement de ces rivières.

PORT DE DUNKERQUE.

Les différens canaux dont nous venons de parler, ne rendraient qu'une partie des avantages qu'on doit en attendre, si le port de Dunkerque n'était pas réparé. Ce port est comme l'âme de la navigation des départemens du Nord, et le centre de tout le commerce qui s'y fait. C'est à Dunkerque qu'arrivent les produits exportés de ces départemens et les marchandises importées. Tant que la navigation intérieure sera imparfaite et le port presqu'inaccessible, ces marchandises continueront à être transportées par terre. L'Etat paiera chaque année 200,000 francs de plus en frais de réparations de routes, et le pays supportera une double perte sur les frais de transport des matières importées et exportées; perte de plusieurs millions par année, pour le seul département du Nord.

Nous avons parlé du mauvais état des canaux; le port de Dunkerque est dans une situation plus désastreuse encore: l'entrée en est fermée par une barre large et haute; l'intérieur est comblé, les quais en charpente tombent de vétusté; l'écluse de l'arrière-port est en ruines et menace par sa chûte de faire rentrer tout l'arrondissement de Dunkerque sous l'eau. Enfin ce port célèbre dans les annales de notre marine, qui faisait autrefois un commerce immense où les frégates entraient armées, est à peine accessible actuellement aux vaisseaux du plus petit tonnage et seulement pendant les marées de vive eau. A peine dans une année y arrive-t-il dix vaisseaux venant de nos colonies ; les vaisseaux étrangers redoutent d'en approcher et n'y entrent presque jamais ; tout le commerce se fait de seconde main au détriment de Dunkerque et de la France.

Ainsi la destruction du port de Dunkerque, que les Anglais n'obtinrent qu'après des guerres opiniâtres et malheureuses pour nous, serait maintenant notre propre ouvrage, si on tardait plus long-tems à exécuter les ouvrages arrêtés.

Le rétablissement du port de Dunkerque ferait prospérer l'agriculture et les manufactures de plusieurs départemens, augmenterait les revenus publics par l'accroissement de toutes les richesses ; ferait fleurir de nouveau notre marine royale et marchande, et servirait à la fois à défendre la France pendant la guerre et à l'enrichir pendant la paix.

Telles sont les observations que les conseils d'arrondissement et du département ont renouvellées à chaque session, et que M. le Préfet s'est toujours empressé de faire valoir.

M. le Directeur général des ponts et chaussées voulant examiner sur les lieux les projets, s'est rendu à Dunkerque. Après avoir reconnu l'état déplorable du port et conféré avec les autorités et les principaux habitans de cette ville, il a promis son appui et les secours du Gouvernement, si le pays voulait s'imposer des sacrifices et contribuer à la dépense.

Les administrations locales, appelées à délibérer sur cette proposition, n'ont pas examiné si les travaux des ports sont à la charge de l'Etat, et si le trésor paie seul les dépeuses analogues dans les autres ports du royaume ; elles n'ont écouté que leur patriotisme et ont offert de donner dans l'espace de quinze ans ;

SAVOIR :

Dunkerque.......................... 600,000 fr.
Le conseil général du département...... 600,000
Et la ville de Lille.................. 150,000

Aux conditions que le Gouvernement compléterait la somme de trois millions montant des devis et que les travaux seraient exécutés dans trois années. Cette répartition et ces clauses ont été adoptées par M. le Directeur général ; les projets sont approuvés, en partie adjugés et reçoivent déjà un commencement d'exécution.

Le commerce de Dunkerque ne s'est point borné à un si grand sacrifice ; il a offert d'avancer en trois ans les trois millions votés. Cet emprunt doit être l'objet d'une ordonnance ou d'une loi.

Ainsi les dernières difficultés sont levées et dans trois ans ce port sera ouvert, curé, remis à neuf et recevra bientôt comme autrefois des vaisseaux de ligne et des navires des deux mondes.

Les principaux travaux à faire, tous compris dans la concession, sont le rétablissement de l'écluse de l'arrière-port, des quais et du pont de la citadelle ; la réparation et le rechargement des jetées ; le curement du port et du chenal ; l'achèvement de l'estacade ; la construction d'un bassin et d'une écluse de chasse (1) et le déblaiement de la barre qui ferme l'entrée du port.

_____

(1) Nous donnerons à la suite une note sur le bassin et l'écluse de chasse projetés à l'ouest du chenal de Dunkerque.

RIVIÈRE CANALISÉE DE LA SAMBRE.

La Sambre traverse l'arrondissement d'Avesnes et se jette en Belgique. Elle passe inutilement pour la France près des carrières et des mines abondantes dont nous avons parlé. Toutes ces richesses sont comme perdues, parce qu'il n'existe nulle communication par eau entre la Sambre et les autres rivières du Nord, entre l'arrondissement d'Avesnes et les autres arrondissemens. Ce pays si fertile en productions précieuses est comme séquestré du reste du département et de l'intérieur de la France; tant les communications sont rares et difficiles.

La navigation de la Sambre fut autrefois ébauchée; on a établi des barrages ou écluses simples à poutrelles vis-à-vis les usines; mais ces ouvrages faute d'entretien depuis trente ans ne présentent que des décombres. On ne navigue sur cette rivière ainsi qu'en Amérique que dans les tems où les débordemens recouvrent les cataractes formées par la chûte des écluses et des ponts. Cette rivière serait plus utile au pays si elle fût restée dans l'état de nature; au moins les terres riveraines ne seraient pas inondées.

Telle est maintenant la difficulté de la navigation de la Sambre que les marbres et les charbons pris sur les bords de cette rivière arrivent à moins de frais dans les colonies qu'au chef-lieu du département du Nord; tandis que par une bonne navigation ces marbres superbes seraient moins chers à Paris que les mauvais matériaux qu'on emploie à la construction des édifices publics.

Nul pays n'offre plus de facilité pour l'ouverture d'un canal que la vallée de la Sambre. Les matériaux sont excellens et sur place; cette rivière et ses affluens ont peu de pente et assez d'eau; les communications avec l'Oise d'une part et avec l'Escaut de l'autre, semblent indiquées par le terrain.

Aussi depuis un siècle on a plusieurs fois reproduit ces projets de canaux. L'exécution en a toujours été ajournée, moins en raison des obstacles qu'oppose la nature que par les difficultés plus insurmontables qui naissent du conflit d'autorités rivales.

La France comme propriétaire de la meilleure partie du sol de cet arrondissement est doublement intéressée à ces travaux. Si les canaux projetés étaient exécutés, la superbe forêt de Mormal de 18000 arpens qui ne rapporte qu'un revenu de trois à quatre cent mille francs par an produirait un million et demi. L'état ne dépenserait plus comme précédemment pour l'approvisionnement des places de Landrecies, d'Avesnes et de Maubeuge, beaucoup plus à chaque campagne que le montant d'un canal neuf; en peu d'années l'agriculture maintenant négligée serait perfectionnée; les terres augmenteraient de valeur; et des usines plus nombreuses enrichiraient cette belle contrée.

La population d'Avesnes est énergique et industrieuse; elle tire de son sol le meilleur parti possible; mais que peuvent les efforts d'habitans isolés lorsque la société ne crée point en commun ces grandes sources de prospérité dont la conception, l'exécution et la dépense exigent la puissance ou la protection du Gouvernement et de bonnes lois?

Tant que la navigation de la Sambre et de ses affluens ne sera point perfectionnée, les environs d'Avesnes auront l'aspect d'un pays comme abandonné; mais si les communications étaient ouvertes, cet arrondissement deviendrait l'un des plus riches du département du Nord et de la France.

Tous les projets de navigation dans cet arrondissement sont dressés; des compagnies offrent de les exécuter. En peu d'années un système de navigation pourrait être établi si le Gouvernement brisait les obstacles qui s'opposent depuis un siècle à son exécution.

COUP D'ŒIL GÉNÉRAL
SUR LA NAVIGATION DU NORD.

Nous avons considéré séparément, l'état de la navigation de chaque arrondissement et de chaque rivière, nous tâcherons maintenant d'envisager les canaux dans leur ensemble et de les coordonner à un système général qui les comprenne tous.

Les rivières et vallées du département du Nord vont parallèlement de l'ouest à l'est et tombent en Belgique; leur hauteur, au-dessus du niveau de la mer, est en raison de leur éloignement des côtes. Ainsi la vallée de la Sambre est de toutes la plus élevée; celles de l'Escaut, de la Scarpe, de la Deûle, de la Lys et de la Colme, sont de plus en plus basses. On peut considérer le cours de ces différentes rivières comme compris dans un plan qui passerait par une ligne tirée de Landrecies à la mer à Dunkerque et serait incliné de l'ouest à l'est.

Landrecies est le point culminant et le nœud essentiel de la navigation du département du Nord. De ce point on peut ouvrir quatre canaux, le premier de la Sambre à l'Oise, par le Noirieu; le second de la Sambre à l'Escaut par la Selle; le troisième en suivant la Sambre, et le quatrième de Landrecies à la grande et la petite Helpe. On pourrait même par un cinquième canal remonter la petite Helpe et arriver à la Meuse.

Le canal de la Sambre à l'Escaut (1) serait conduit par la Selle au bassin rond sur la Sensée, où il amènerait à volonté toutes les eaux de la Sambre et des Helpes.

---

(1) La différence de niveau entre la Sambre et l'Escaut pris aux deux extrémités du canal projeté étant de 220 pieds on pourrait ouvrir sur chaque flanc de la vallée de la Selle un canal d'irrigation qui ferait doubler la valeur des récoltes et du sol sur cinq lieues quarrées.

Supposons maintenant que tous ces travaux soient exécutés ;
que le canal de la Sensée soit approfondi ; que toutes les eaux
de la Sambre et de l'Escaut puissent être jetées par ce canal
dans la Scarpe ; par la Deûle dans le canal du nouveau fossé ;
et par celui-ci dans l'Aa ; supposons encore qu'un nouveau
canal parte des Fontinettes, évite Saint-Omer, arrive à Watten
et de Watten à Bourbourg en longeant l'Aa. Au moyen de
ces constructions et améliorations, on serait maître de jeter
sur une ville quelconque du département les eaux de toutes
les rivières ; de faire suspendre la navigation de l'Escaut ou
de la Lys en Belgique ; et d'imprimer à la navigation du
Nord un mouvement rapide inconnu dans toute autre localité.

Ces travaux ne sont point gigantesques et seraient soumissionnés par des compagnies, parce qu'on sait déjà en prévoir
les avantages ; le commerce prendrait une extension extraordinaire ; en huit jours on transporterait les bois et les marbres
de la Sambre depuis Landrecies jusqu'à Dunkerque ou à
Paris et on ramènerait de Dunkerque les marchandises qui
seraient portées sur l'Oise et la Meuse. Cette navigation surtout
utile pendant le chomage du canal de Saint-Quentin ouvrirait
des débouchés à plusieurs arrondissemens du Nord et de l'Aisne
privés de navigation.

Cet ensemble de canaux (1) liés entre eux et présentant

---

(1) Nous n'avons fait mention que des canaux principaux à perfectionner
ou à ouvrir dans le département du Nord. Il serait également nécessaire
d'établir plusieurs autres communications dont nous avons rédigé les projets.
Nous en citerons quelques-unes :

1.° Un canal d'embranchement de la Deûle à la Lys soit de la Bassée
à Merville, ou de Wambrechies au même point, lierait les arrondissemens
de Lille et d'Hazebrouck maintenant comme séparés par la difficulté des
routes et le territoire étranger ; affranchirait le commerce de la gêne des
douanes françaises et belges, et abrégerait de plusieurs jours le trajet par
eau de Dunkerque à Lille.

une ligne continue, parallèlement à la frontière, depuis la Meuse jusqu'à la Lys et à la mer, assurerait la défense du

2.° Un canal de la Lys à Bailleul, ville de 10,000 ames, tracé dan un pays fertile privé de communications, donnerait une grande valeur aux terres et aux productions de plusieurs cantons. Le sol bas et humide de ces contrées est très-favorable à l'ouverture d'un canal, les eaux du bief le plus élevé sont suffisantes ; une compagnie en ferait la dépense.

5.° Un canal de Lille à Roubaix et Tourcoing, serait peut-être l'ouvrage secondaire le plus utile au département. Nous allons en indiquer la nécessité, le tracé et les principaux avantages.

Roubaix et Tourcoing, villes industrielles qui se touchent, où l'on compte 30,000 ames, 500 fabriques et presqu'autant de manufacturiers et d'ouvriers que d'habitans, manquent d'eau plusieurs mois de l'année. En été, les fontaines et beaucoup de puits tarissent ; les mares se dessèchent ; on est forcé d'aller à une demi-lieue chercher une eau saumâtre.

La Marque, ruisseau peu abondant, le seul qui avoisine Roubaix et Tourcoing, ne peut y être conduit. Le niveau des eaux est inférieur à celui des points les plus bas des deux villes ; un côteau large d'une demi-lieue les sépare.

La Haute-Deûle prise à Dons est moins haute que la partie inférieure de ces villes et ne pourrait y arriver.

La Scarpe est la seule rivière, à dix lieues de distance, dont le lit soit assez élevé. Un canal de navigation ouvert de niveau depuis le sas de Brébières sur la Scarpe, jusqu'à Roubaix et Tourcoing arriverait sur les points culminans de ces villes, en traversant dans la direction la plus favorable une partie des arrondissemens de Lille et de Douai, et en procurant une bonne navigation à vingt villages ou villes ; mais des considérations militaires s'opposent à l'exécution de cette importante entreprise. Il faut ainsi renoncer aux moyens naturels de navigation et avoir recours à ceux de l'art, qui ne remplacent les premiers que fort imparfaitement. Nous citerons un article du projet rédigé.

Il sera ouvert un canal artificiel entre Lille et Roubaix ; la prise d'eau sera faite sur la Haute-Deûle près de l'abbaye de Loos, en amont du pont de ce nom, et sur la rive gauche de la rivière. (En choisissant ce point au-dessous de Lille, il faudrait remonter les eaux de toute la hauteur de deux chûtes et en le prenant entre l'abbaye de Loos et la ville on aurait à payer des indemnités très-considérables en maisons, jardins, fabriques, etc.) Le canal sera perpendiculaire à la Deûle, et au niveau de cette ri-

Nord, établirait une communication par eau prompte et sûre entre toutes des places, en faciliterait les approvision-

vière jusqu'au pied du coteau. Il traversera la route numéro 54 de Saint - Pol à Lille. Ce premier bief se terminera près de là, par un bassin de 200 mètres de long et 50 mètres de largeur. De chaque côté de ce bassin nous proposons d'établir un moulin à vent fesant tourner une vis d'Archimède avec lequel agira une machine à vapeur forte de 50 chevaux, agissant sur une semblable vis destinée à remplacer les moulins dans les tems calmes. Au moyen de ces machines l'eau de la Deûle sera élevée à 8 mètres au dessus du niveau actuel et servira à alimenter le canal et les différentes fontaines et prises d'eau de Roubaix et Tourcoing.

La machine à vapeur, quand elle ne sera pas utile, fera mouvoir une autre usine, un moulin à blé par exemple.

La communication entre le nouveau canal et la Deûle sera établie au moyen d'une seule écluse de 8 mètres de chûte, placée en tête du grand bassin. De chaque côté de l'écluse, on ouvrira des vannes et à différentes hauteurs de larges réservoirs où des eaux du canal seront mises en réserve de manière à rétablir promptement et à volonté la hauteur des eaux de la chûte. On pourra ainsi partager la chûte entre trois ou

Le nouveau canal formera autour de Lille une vaste enceinte ou camp retranché, éloignera les points d'attaque, mettra la ville à l'abri des projectiles, et servira à inonder les glacis les plus élevés des fortifications. Il embrassera les villages de Loos, Esquermes et Wazemmes, les faubourgs de la Barre, de Notre-Dame et de Paris, traversera les glacis vis-à-vis le quartier Saint-Sauveur, tournera entre la ville et le faubourg de Fives, arrivera près de celui de la Magdeleine, et gagnera en suite la vallée de la Marque et les villes de Roubaix et Tourcoing.

Ainsi par ce canal on donnera à Roubaix et Tourcoing une navigation facile et des eaux abondantes, on mettra la ville en communication de plus et de nouveaux moyens de défense. On pourra surtout doubler l'étendue de la ville en comprenant dans son enceinte les faubourgs de la Barre et de Notre-Dame, et reportant les fortifications du sud à la digue extérieure d'inondation qu'il serait avantageux d'écarter encore davantage. L'écluse de la Barre et les autres écluses de retenue maintenant hors de l'enceinte se trouveront placées dans l'intérieur et le front du quartier Saint-Sauveur très-resserré sera doublé.

Ces nouvelles fortifications seraient largement payées par la vente des terrains militaires devenus inutiles, et les ouvrages du canal par les droits de navigation et la vente des eaux.

nemens et décuplerait les moyens d'inondation. Nul projet ne serait plus utile, soit pendant la paix, soit pendant la guerre; aucun ne pourrait être moins dispendieux puisque l'État n'en ferait pas la dépense.

Espérons que de si grands résultats seront pris en considération et prévaudront sur les considérations particulières qui ont toujours fait ajourner ces ouvrages essentiels réclamés chaque année avec instance par les autorités du pays.

RÉSUMÉ.

Depuis quatre années on a terminé dans le département du Nord le canal de Mons à Condé; refait à neuf celui de Bourbourg; commencé et achevé celui de la Sensée; amélioré sur plusieurs points la navigation de la Scarpe et de l'Escaut; et entrepris le rétablissement du port de Dunkerque. Ces travaux ont été faits par concession, c'est-à-dire aux frais de compagnies ou du pays.

Les projets de perfectionnement des autres rivières et canaux de ce département sont rédigés, proposés et des compagnies offrent d'en faire la dépense qui est de dix millions.

Ces résultats qui furent vainement tentés lorsque la France avait le plus d'étendue et de revenus ont été obtenus lorsque le département du Nord était occupé par les troupes de toute l'Europe.

Il faut les attribuer à la confiance sans bornes qu'inspire le Gouvernement constitutionnel du Roi; au dévouement éclairé des habitans et des autorités du Nord; au scrupule si louable que M. le Directeur général des ponts et chaussées a montré dans l'accomplissement des contrats passés par les Chambres ou au nom du Roi; et à la sollicitude constante de M. le Comte de Remuzat, Préfet du département du Nord, qui a fixé l'attention du Gouvernement sur les besoins du pays et qui a combattu avec une persévérance inflexible les obstacles que l'on ne manque jamais de rencontrer pendant l'exécution de grands travaux.

Nous devons à la vérité de dire que si nous eussions moins connu la fermeté courageuse de M. le Préfet, nous aurions jugé insurmontables les difficultés qu'il a fallu vaincre, et peut-être n'eussions-nous pas tenté le succès.

Tel est l'état de notre législation des travaux publics que les ouvrages les plus nécessaires ne peuvent s'achever que dans des cas d'exception et lorsque l'activité infatigable des autorités supplée à la loi et peut triompher des forces puissantes d'inertie ou d'opposition. Une nouvelle législation des travaux publics paraît indispensable à la prospérité de la France.

LOI ET ORDONNANCES

DE CONCESSION,

ET AUTRES PIÈCES OFFICIELLES.

Les personnes chargées de dresser des projets de concession, de les proposer, ou de les discuter verront peut-être avec intérêt les rapports faits aux Chambres sur la concession du canal de la Sensée ; ouvrage exécuté avec succès et dans un délai beaucoup plus court que celui fixé par la loi.

Lorsque en 1818, le projet de loi relatif à la concession du canal de la Sensée fut présenté aux Chambres, les deux commissions chargées de faire un rapport, ont également constaté l'utilité et la nécessité du rétablissement en France de système de concession. Les Chambres divisées d'opinion sur toute autre matière, adoptèrent à la presqu'unanimité les conclusions de leurs rapporteurs, et votèrent la loi.

Les suffrages donnés par les commissaires du Roi et les délégués de la France aux projets de concession, montrent assez avec quelle faveur serait reçue une nouvelle loi sur les travaux publics qui en hâterait l'exécution. On ne verrait plus ensuite tant de capitaux sans emploi, d'ouvriers sans travail et de canaux imparfaits.

L'heureuse expérience des concessions dans le Nord fait entrevoir une époque prochaine où la navigation de la France complettée par le même moyen donnera une grande extension à l'agriculture et au commerce de l'intérieur.

La première ordonnance de concession rendue dans le département du Nord, accorde pour cinq ans et demi un péage de 12 centimes par tonneau au passage d'une écluse neuve. La durée (1) a été calculée d'après les dépenses les

---

(1) Nous indiquerons le calcul à faire pour déterminer la durée d'une concession :

Soient C le capital ou le montant de la dépense,

I l'intérêt du capital,

P le péage ou le montant de l'annuité,

et X la durée cherchée du péage ;

recettes, et la condition que les avances et les intérêts devaient être remboursés dans le délai fixé.

On a pris, pour régler les dépenses et les recettes, des bases certaines ; 1.° les adjudications publiques d'ouvrages semblables exécutés près de là, et 2.° les états des recettes perçues par les employés des droits réunis sur les mêmes points. La chance de l'augmentation du commerce, par l'amélioration de la navigation, a été laissée au concessionnaire et lui a été très-favorable ; les grands travaux faits en Belgique dans cette période ont augmenté les transports. Cette même chance lui eût été funeste si le Gouvernement belge eût exécuté le canal autour de Condé qu'il projette depuis quelque tems.

Les ordonnances de concession des autres écluses exécutées dans le département étant semblables à celle-ci, il serait superflu de les rapporter.

$$\text{on a} = X \log. (- p) - \log. (ci - p)$$
$$\frac{}{\log. (1 + i)}$$

ou en changeant les signes de l'équation

$$X = \log. (p) - \log. (cp - p)$$
$$\frac{}{\log. (1 + i)}$$

On a l'usage d'ajouter au tems donné par le calcul un delai qui est entre le cinquième et le dixième de celui déterminé par l'équation, afin de compenser l'interruption momentanée qui ne proviendrait pas de force majeure.

Le 9 avril 1817.

LOUIS, PAR LA GRACE DE DIEU, ROI DE FRANCE ET DE NAVARRE,

A tous ceux qui ces présentes verront, SALUT :

Vu la demande du sieur Honnorez, ancien Entrepreneur du canal de Mons à Condé, tendant à être autorisé à construire, à ses frais, l'écluse de Thivencelles, moyennant la concession d'un droit à percevoir sur les bateaux qui passeront à cette écluse ;

Vu la loi du 25 mars 1817, titre VII, article 124 ;

Sur le rapport de notre Ministre Secrétaire d'Etat de l'Intérieur,

Nous avons ordonné et ordonnons ce qui suit :

ARTICLE PREMIER.

A dater du jour où l'écluse de Thivencelles sera livrée à la navigation, et pendant cinq ans et demi, le sieur Honnorez est autorisé à percevoir un droit de douze centimes par tonneau, sur chaque bateau chargé, et de 6 centimes par tonneau sur chaque bateau vide passant à ladite écluse.

ART. 2.

Pour prix de la concession portée en l'article 1.er, le sieur Honnorez sera tenu :

1.° De construire à ses frais l'écluse projetée sur le canal de la Haisne, au village de Thivencelles, ainsi que la maison éclusière.

2.° Il exécutera également à ses frais les barrages, coupures, abaissemens de digues, approfondissement du canal, et autres ouvrages à faire aux abords de cette écluse, en se conformant pour le tout aux plans et projets approuvés par le Directeur général des ponts et chaussées.

ART. 3.

Pendant toute la durée de la concession le sieur Honnorez acquittera le salaire de l'éclusier. Il sera tenu, en outre, de maintenir en bon état toutes les parties de l'écluse, et deux cents mètres de longueur du canal, dont moitié en amont et moitié en aval de l'écluse.

7

ART. 4.

Le concessionnaire ne pourra sous aucun prétexte prétendre à une indemnité, à raison des interruptions que la navigation du canal pourra éprouver pendant le tems de sa concession.

ART. 5.

Notre Ministre Secrétaire d'Etat de l'Intérieur est chargé de l'exécution de la présente ordonnance.

Donné en notre château des Tuileries, le 9 avril de l'an de grâce mil huit cent dix-sept et de notre règne le vingt-deuxième.

Signé LOUIS,

par le Roi.

Le Ministre Secrétaire d'Etat au département de l'intérieur,

Signé LAINÉ.

Pour ampliation : le Secrétaire-général du ministère de l'intérieur, par intérim, chevalier de la Légion d'Honneur, chef de la 2.ᵐᵉ division,

Signé DELESCARENNE.

Pour copie conforme :

Le Pair de France, Conseiller d'Etat, Directeur-général des ponts et chaussées et des mines,

Comte MOLÉ.

CHAMBRE DES DÉPUTÉS.

EXPOSÉ DES MOTIFS DU PROJET DE LOI

Présenté par Son Excellence M. LAINÉ, Ministre de l'intérieur, relatif à la concession du canal de la Sensée.

Séance du 25 avril 1818.

MESSIEURS,

L'établissement d'une communication navigable de l'Escaut à la Scarpe, par la Sensée, est depuis long-tems l'objet de profondes méditations, et l'on en doit la première idée au maréchal de Vauban qui, en 1690, fit couper le seuil qui séparait le bassin des deux rivières, et en opéra ainsi la jonction dans l'intérêt et sous le rapport des fortifications.

Depuis cette époque, des ingénieurs distingués se sont occupés de l'étude de ce projet que l'on doit considérer comme le complément nécessaire du système de la navigation du département du Nord.

Le canal de la Sensée va lui procurer une communication qui lui manquait avec l'intérieur, en s'embranchant du côté de la Scarpe, sur la Deûle, qui baigne les murs de Lille, et du côté de l'Escaut par le canal de Saint-Quentin, avec l'Oise et la Soine.

Ainsi, la seule lacune qui existe dans la communication directe de Lille à Paris va se trouver remplie.

Après l'ouverture du canal de la Sensée, la distance par eau de Lille à Paris ne sera plus que de quatre-vingt-trois lieues, et sera affranchie des détours que l'état actuel de la navigation exige, navigation tellement difficile par le mauvais système des écluses, que le commerce ne la suit pas, et que jamais un bateau n'est venu de Lille à Paris. On a calculé que le département du Nord expédie dans l'intérieur de la France pour 12 millions d'huile de colza; pour 10 millions de toile et de fils; objets qui prennent aujourd'hui la route de terre, et qui pourront être désormais transportés par eau.

Ainsi, les routes se trouveront soulagées et coûteront moins de frais d'entretien à l'Etat ; les transports se feront avec plus d'économie, et les marchandises pourront, par une suite nécessaire de ces premières conséquences, être données à des prix plus modérés.

Ce n'est pas seulement au commerce que le canal de la Sensée sera utile ; en lui procurant de nouveaux débouchés, le Gouvernement en retirera lui-même des avantages immédiats, par la facilité qu'il y trouvera à approvisionner les places fortes, qui se trouvent en grand nombre aux extrémités et aux environs de ce canal, et qui, dans l'état de choses, sont privées de moyens de communication avec les grands entrepôts de guerre.

Après vous avoir entretenus, Messieurs, des avantages du projet, il nous reste à mettre sous vos yeux la dépense qu'exigent son exécution et les moyens de l'assurer.

L'ouverture du canal de la Sensée ne présenterait que des avantages illusoires, ou du moins incomplets, si l'on ne faisait exécuter simultanément les améliorations qu'exige la navigation des deux rivières auxquelles il doit communiquer par ses deux extrémités.

La dépense doit donc se diviser en trois chapitres : 1.º Travaux à faire sur l'Escaut.

Ils consistent dans la construction d'une écluse à Sas à Iwuy, à côté de l'écluse simple existante, réparation de cette dernière, construction d'une communication entre le Sas et l'Escaut, sur une longueur de neuf cents mètres ; ces travaux sont évalués à...................... 155,000 fr.

2.º Travaux à faire sur la Scarpe :

Ils consistent en réparation des deux écluses de Courchelettes et de Lambres auxquelles on donnera les mêmes dimensions qu'à celle de Saint-Quentin, redressement d'une partie du lit de la Scarpe, élargissement et curement des autres parties.
Ces travaux sont évalués à............................ 80,000

3.º Travaux à faire sur le canal de la Sensée.

Terrassement........................... 855,000 fr. ⎫
Ouvrages d'art.......................... 541,500 ⎬ 1,515,000
Sommes à valoir......................... 138,500 ⎭

TOTAL.............. 1,750,000

L'état actuel des finances ne permettant point de faire exécuter cette importante entreprise aux frais du trésor, il ne restait d'autres moyens pour la réaliser, que d'en confier l'exécution à l'industrie particulière, moyennant l'abandon du droit de péage pendant un tems déterminé.

Pour arriver à ce but, chacune des trois sections de cette entreprise a été l'objet d'un examen particulier, qui a pour but de s'assurer, aussi exactement que des calculs hypothétiques peuvent le permettre, du montant annuel du droit à percevoir, sans gêner sensiblement le commerce, et de la durée pendant laquelle la concession devait être accordée, pour que le soumissionnaire puisse espérer d'obtenir l'intérêt de son argent à huit pour cent, et de plus, l'amortissement graduel de ses avances. En voici le résultat :

Navigation de l'Escaut.

Un droit de 24 c. par tonneau sur chaque bateau chargé et de 12 c. par tonneau sur chaque bateau vide, au passage de l'écluse d'Iwuy, doit, d'après une réduite de trois ans, puisée dans un ableau certifié par l'administration des contributions indirectes, produire annuellement, déduction faite des droits de perception, un revenu de 26,000 fr. La dépense à faire étant de 155,000 francs, et l'intérêt de cette somme pour dix-huit mois pendant lesquels les travaux doivent être exécutés, étant de 18,600 fr., le total est de 173,600 fr.

On trouve par ce calcul que le concessionnaire sera remboursé de son capital et de l'intérêt de 8 pour cent, au bout de neuf ans et huit mois.

On doit supposer qu'hors même des cas de force majeure, la navigation pourra être momentanément interrompue ; ainsi, en ajoutant deux ans et quatre mois pour ces circonstances imprévues, il en résulte que la concession peut être accordée pour douze ans sur les écluses d'Iwuy.

Navigation de la Scarpe.

Un droit de 24 c. par tonneau sur chaque bateau et de 12 c. par tonneau sur chaque bateau vide, au passage des écluses de Courchelettes et de Lambres, doit, d'après les mêmes élémens que ceux que l'administration s'est procurés pour l'Escaut, donner, déduction faite des droits de perception, un produit annuel de 11,000 fr.

La dépense à faire étant, comme il a été dit ci-dessus, de 80,000 fr., et l'intérêt de ce capital, pendant dix-huit mois de l'exécution des travaux, de 9,600 fr., le total est de 89,600 fr.

On trouve, par ce calcul, que le concessionnaire sera remboursé de son capital et de l'intérêt à 8 pour cent, au bout de seize ans huit mois et neuf jours, à quoi ajoutant pour les motifs déjà expliqués, pour les cas imprévus, deux ans trois mois vingt-un jours, il en résulte que la concession doit être faite pour dix-neuf ans.

Canal de la Sensée.

Il sera perçu :

1.º Un droit d'un franc par tonneau sur chaque bateau chargé de charbon, pierre, chaux, brique, bois, paille, foin et engrais ;

2.º Un droit de 2 francs par tonneau pour chaque bateau chargé de toute autre espèce de marchandises ;

3.º Un droit de 50 centimes par tonneau sur chaque bâteau vide.

On estime qu'il passera, année commune, cinq cents bâteaux de marchandises encombrantes, qui produiront.................. 50,000 fr.
Cent bateaux chargés d'huile, vins, épices, etc., qui produiront . 20,000
Six cents bateaux vides............................... 30,000

Recette brute............ 100,000
A déduire les frais d'entretien et d'exploitation........... 26,000

Reste de recette nette....... 74,000

A quoi il faut ajouter :

1.º Pour les bonifications présumées devoir résulter de l'amélioration de la navigation, ci...................... 35,000

2.º Produits accessoires des digues, plantations, chûtes d'eau, etc.. 7,000

3.º Pour le revenu que le concessionnaire retirera de la plus value qui résultera du dessèchement des marais, déduction faite des deux cinquièmes revenant aux propriétaires... 34,363

Le total des recettes annuelles sera ainsi de............. 150,363

La dépense est de 1,515,000 fr., à quoi ajoutant l'intérêt à 8 pour cent pendant quatre années qu'exige l'exécution des travaux....................................... 363,600

La somme due au concessionnaire est ainsi de.......... 1,878,600

Le produit présumé du droit de navigation ne présentant d'autres avantages au soumissionnaire que l'intérêt et l'amortissement périodique de ses avances, on ne pouvait exiger de lui le paiement de terrains ou immeubles, qui, en définitive, doivent appartenir à l'Etat, après l'expiration de la concession.

Ces indemnités restent donc à la charge du trésor royal, ainsi que celles pour le chomage ou réduction de produits qui seront dus aux propriétaires des moulins qui existent sur la Sensée.

Le produit du péage, ainsi que des autres bénéfices accessoires, donnant un produit annuel de 150,565 fr. , on trouve, d'après un calcul semblable à celui qui a été suivi pour les deux articles qui précèdent, que le concessionnaire sera remboursé du capital et de l'intérêt de ses avances à 8 pour cent, au bout de quatre-vingt-dix-neuf ans, à dater du jour où la navigation sera établie sur le canal.

Il est convenu que si la navigation venait à être suspendue pour cause de force majeure, on ajoutera à la durée de la concession tout le tems de cette non-jouissance.

Telles sont les stipulations du traité que nous avons l'honneur de présenter au nom du Roi à la sanction législative.

Le sieur Honnorez, qui se présente comme soumissionnaire, est déjà concessionnaire du droit établi sur les écluses de Thivencelles, de Fresnes et de Gœulzin, dont il a entrepris la construction.

Il offre par ses propres moyens, par la fidélité avec laquelle il a déjà rempli ses premiers engagemens, toutes les garanties propres à tranquilliser l'administration sur l'exécution des nouveaux engagemens qu'il contracte. Il y joint une activité et une capacité qui permettent de borner le terme où les travaux devront être terminés à dix-huit mois pour ceux de l'Escaut et de la Scarpe, et à quatre ans pour ceux du canal.

D'ailleurs il offre pour toute la durée de l'exécution de ces travaux, un cautionnement de 400,000 fr.

L'administration a fait entrer dans le calcul du bénéfice de l'entreprise le dessèchement des marais pour un revenu de 34,565 fr. Ces marais sont situés dans les valons de la Gache et de l'Hirondelle, de la Sensée et de tous les affluens de cette rivière, entre les bassins de l'Escaut et de la Scarpe. Ils peuvent contenir environ douze cents hectares, en y comprenant les terrains qui se trouveront améliorés par l'opération du dessèchement.

Il est aisé de sentir que dans cette circonstance les dispositions des articles 3 et 4 de la loi du 16 septembre 1807, qui laissent aux propriétaires intéressés la préférence pour opérer eux-mêmes le dessèchement de leurs marais, ne peuvent recevoir d'application.

La portion de bénéfice accordée au concessionnaire est bornée, par cette considération, aux trois cinquièmes de la plus value, taux inférieur à celui de toutes les concessions faites jusqu'à ce jour, depuis le régime de la loi de 1807.

Nous avons pensé qu'il convenait de traiter favorablement les propriétaires à cet égard, et de les dédommager ainsi du sacrifice qu'on leur demande d'une faculté que la loi leur accorde dans les cas ordinaires, faculté à laquelle il n'est ici dérogé que par absolue nécessité, et parce que l'opération secondaire du dessèchement se trouve liée par la force des choses à une plus grande entreprise, qui est d'utilité publique en premier ordre.

Il ne nous reste plus que quelques mots à ajouter en faveur de la loi proposée.

Dans l'état actuel de l'inertie du commerce intérieur, un grand nombre d'ouvriers est sans occupation et est obligé d'aller en chercher dans le royaume voisin des Pays-Bas.

Il est donc d'un intérêt éminent d'ouvrir, en ce moment, de grands ateliers qui offrent à la classe ouvrière de nouveaux moyens d'existence.

Le département du Nord qui a subi les deux invasions, est aussi un de ceux qui ont le plus de pertes à réparer, et c'est une occasion heureuse qu'il ne faut pas laisser échapper, que celle qui procure un moyen facile d'y répandre des capitaux sans que le trésor public soit appelé à de nouveaux sacrifices.

Nous devons terminer cet exposé par une remarque qui mérite une attention particulière. Le département du Nord, le plus peuplé et l'un des plus riches départemens du Royaume par son agriculture et son industrie, est coupé par un grand nombre de canaux navigables, et cependant il est privé, dans la plus grande partie de son territoire, du débouché immense qu'offre à nos départemens septentrionaux l'ouverture du canal de Saint-Quentin. L'exécution de celui de la Sensée procurera cet avantage qui ne sera pas seulement local, puisqu'il rendra plus facile et moins dispendieux le transport du produit de ses riches contrées jusqu'au centre de la France.

Dans les circonstances où nous sommes placés nous croyons surtout devoir appeler votre attention et vos suffrages sur ces utiles associations qui viennent en aide au Gouvernement pour créer de nouveaux débouchés à l'agriculture, au commerce et à l'industrie et ouvrir de vastes chantiers où la classe indigente trouvera des moyens de subsistance. Le budget annuel des ponts et chaussées suffit à peine à la réparation et à l'entretien des ouvrages entièrement terminés; de grands travaux dépérissent par suite de la suspension à laquelle ils sont actuellement condamnés; de vastes projets n'attendent que les fonds nécessaires à leur exécution, pour porter la vie et l'abondance dans plusieurs parties du royaume. Vous voudrez, Messieurs, encourager ce noble emploi des capitaux particuliers qui suppléent si utilement le trésor. Confondre ainsi les intérêts publics et privés, c'est travailler efficacement à accroître la prospérité de la France, c'est seconder les intentions bienfaisantes et remplir le vœu le plus cher de Sa Majesté.

PROJET DE LOI.

LOUIS, par la grâce de Dieu, ROI DE FRANCE ET DE NAVARRE,

A tous ceux qui ces présentes verront; salut :

Nous avons ordonné et ordonnons que le projet de loi dont la teneur suit, soit présenté à la Chambre des Députés par notre ministre secrétaire d'État au département de l'intérieur, par le sieur Becquey, conseiller d'État, directeur général des ponts et chaussées et des mines, et par le sieur Duplex de Mezy (1), conseiller d'État, directeur général des postes, que nous chargeons d'en exposer les motifs et d'en soutenir la discussion.

ARTICLE PREMIER.

La soumission présentée par le sieur Honnorez, sous la date du 12 avril 1818, et par laquelle il offre de se charger de l'exécution du canal de la Sensée et des réparations à faire aux parties adjacentes des rivières de l'Escaut et de la Scarpe, est acceptée.

---

(1). M. de Mézy, ancien préfet du Nord, nommé deux fois Député par ce département, est le premier qui ait proposé à la Chambre des Députés le rétablissement en France du système de concession pour l'exécution des travaux publics.

M. de Mézy a vivement appuyé, comme membre du Conseil d'État et de la Chambre, les votes faits par les conseils du département du Nord, pour l'exécution des grands travaux nécessaires à la prospérité de ce pays; travaux que M. de Mézy avait recommandés au Gouvernement étant Préfet.

Le succès des entreprises achevées dans le Nord doit être particulièrement attribué à sa sollicitude constante pour ce beau département qui conserva le souvenir le plus honorable de son excellente administration.

8

ART. 2.

Toutes les conditions et clauses stipulées soit à la charge de l'État soit à la charge du soumissionnaire dans ladite soumission, recevront leur pleine et entière exécution.

ART. 3.

Ladite soumission comprenant lesdites clauses et conditions, et le tarif des droits à percevoir sur le canal et sur les parties adjacentes de l'Escaut et de la Scarpe, demeurera annexée à la présente loi.

ART. 4.

Les propriétaires des terrains voisins de la Sensée et de ses affluens, dans les vallons de la Gache et de l'Hirondelle qui profiteront du dessèchement résultant de l'ouverture du canal et des travaux secondaires qui auront le dessèchement pour objet, paieront au concessionnaire, pour toute indemnité, trois cinquièmes de la plus value qui sera constatée suivant les formalités prescrites par la loi du 16 septembre 1807.

Donné à Paris, en notre château des Tuileries, le   jour du mois d'avril de l'an de grâce 1818, et de notre règne le vingt-troisième.

Signé : LOUIS.

Le Ministre Secrétaire d'Etat de l'intérieur,

Signé : LAINÉ.

CANAL DE LA SENSÉE.

SOUMISSION.

Le soussigné Augustin Honnorez, ancien entrepreneur du canal de Mons à Condé, s'engage à faire exécuter à ses frais et aux conditions stipulées plus bas :

1.° Le canal de navigation qui fera communiquer la Scarpe à l'Escaut par la Sensée, évalué à 1,515,000 fr., suivant les projets, devis, détails et profils rédigés par M. l'Ingénieur en chef du département du Nord, et en se conformant aux modifications et changemens à opérer, soit pour la direction du canal, soit pour la construction des deux écluses simples et trois écluses à Sas, des ponts, buses et déversoirs à établir sur ledit canal, ainsi que le tout a été définitivement approuvé en conseil des ponts et chaussées, par M. le Directeur général, le 28 mars dernier;

2.° L'écluse d'Iwuy et autres travaux nécessaires sur l'Escaut, évalués à 155,000 fr., conformément au projet approuvé par M. le Directeur-général, duquel projet, ainsi que de ceux du canal de la Sensée, il lui a été donné communication;

3.° La réparation des écluses de Courchelettes et de Lambres, et le redressement d'une partie du lit de la Scarpe entre Douai et le débouché du canal de la Sensée, travaux évalués à 80,000 fr., et dont les projets seront ultérieurement rédigés. Les réparations de ces deux écluses ont pour but de leur donner quarante mètres de longueur entre les buses, et cinq mètres vingt centimètres de largeur entre les bajoyers, dimensions généralement adoptées pour toutes les écluses comprises dans la présente soumission.

Le soussigné ne pourra se prévaloir des estimations ci-dessus, pour réclamer aucune espèce d'indemnité dans le cas où, par suite de l'exécution des travaux, la dépense excéderait le montant desdites estimations.

Il s'engage à exécuter, dans un délai d'un an et demi, tous les ouvrages d'art et de terrasses à construire sur la Scarpe et l'Escaut; et, dans le délai de quatre ans, après que la concession lui aura été accordée, tous les ouvrages du canal de la Sensée, se réservant, en cas de guerre, un plus long délai qui sera calculé d'après la durée de la guerre; à maintenir constamment en bon état tous les ouvrages d'art et de terrasses pendant la durée de la concession.

Il demande qu'en considération des dépenses qu'il sera tenu de faire, il lui soit accordé les avantages suivans:

1.° La concession pour le terme de quatre-vingt-dix-neuf ans, à dater du jour où les bateaux passeront sur le canal de la Sensée, du droit d'un franc par tonneau sur chaque bateau chargé de charbon de terre ou de bois, de pierres, chaux, briques, bois, paille, foin et engrais; de deux francs par tonneau pour chaque bateau chargé de toutes autres marchandises; et de cinquante centimes par tonneau sur chaque bateau vide qui traversera le canal de la Sensée.

2.° La concession pour le terme de douze ans, à dater du jour où les bateaux passeront à l'écluse neuve d'Iwuy, sur l'Escaut; d'un droit de vingt-quatre centimes par tonneau sur chaque bateau chargé, et de douze centimes par tonneau sur chaque bateau vide passant par cette écluse.

3.ᵉ La concession pour le terme de dix-neuf ans , à dater du jour où les bateaux passeront aux deux écluses de Courchelettes et de Lambres sur la Scarpe , d'un droit de vingt-quatre centimes par tonneau sur chaque bateau chargé , et de douze centimes par tonneau sur chaque bateau vide passant par les deux dites écluses ;

4.° L'autorisation d'employer pour le canal tous les terrains nécessaires à son exécution , conformément aux plans , sur une largeur de cinquante mètres ; les indemnités seront réglées conformément à la loi , et acquittées par l'Etat , la concession étant limitée ;

5.° L'autorisation de faire chômer les moulins établis sur la Sensée , pendant l'exécution des travaux , et à continuer les ouvrages nonobstant toute contestation de la part des propriétaires de ces usines qui tendraient à ralentir la marche des ateliers ; toutes indemnités , soit pour chômage , soit pour diminution de valeur , devront être réglées par experts et payées par l'Etat , la concession étant limitée ;

6.° L'affranchissement de tout droit de navigation sur les canaux du département du Nord , en faveur des bateaux chargés de pierres , bois , charbons et autres matériaux et outils destinés aux ouvrages du canal et des écluses , seulement pendant l'exécution des travaux ;

7.° L'Etat ne pourra pas établir de péage ni de droits nouveaux sur le canal de la Sensée , ni sur l'Escaut , de Valenciennes à Cambrai ou sur la Scarpe , de Douai à Arras , pendant toute la durée de la concession ;

8.ᵉ Pendant la durée de la concession , le droit de pêche dans le canal sera abandonné au concessionnaire , ainsi que la jouissance des digues et arbres qui seront plantés sur les francs-bords , et la faculté d'établir le nombre de gardes et préposés qu'il jugera à propos pour la perception des droits et la conservation des ouvrages ;

9.° Il sera permis au soumissionnaire , pendant les six premières années de la concession , de former , soit pour l'exécution de ses travaux , soit pour se procurer les fonds nécessaires , toutes les associations qu'il jugera convenables en se conformant aux lois.

Les actes auxquels ces associations donneront lieu , ne seront assujétis pour enregistrement qu'au droit fixe d'un franc ;

10.° Le canal et ses dépendances seront exempts de toute espèce d'impôt pendant la durée de la concession ;

11.° Il ne sera accordé de permission de construire aucun autre canal au préjudice du canal de la Sensée , soit dans le vallon de la Sensée , soit à dix lieues en tout sens de ce canal ;

12.° Les marais de la Gache, de l'Hirondelle, de la Sensée et de tous les affluens de cette rivière entre le bassin de l'Escaut et de la Scarpe, devant être en grande partie desséchés par l'exécution des travaux du canal de la Sensée et de ses appendices, le concessionnaire se soumet à présenter le projet des ouvrages complémentaires à exécuter par lui, pour en perfectionner et achever le desséchement;

13.° Le concessionnaire recevra, pour indemnité de ses dépenses, les trois cinquièmes de la plus value des terrains qui auront été desséchés, soit par l'ouverture du canal, soit par les ouvrages secondaires;

14.° Cette plus value sera réglée conformément aux dispositions de la loi du 16 septembre 1807; elle sera payée en terrains par les communes. Les propriétaires auront le choix de l'acquitter soit en terrain, soit en argent, soit en rentes suivant la faculté que la loi leur accorde;

15.° Le Gouvernement s'engage à faire exécuter les travaux projetés dans la traversée de Douai, suivant le projet adopté sous la date du 15 juillet 1817, et à les faire terminer avant la fin de 1821. Dans le cas où l'exécution de ces travaux serait différée pour une cause quelconque, il sera accordé au concessionnaire une indemnité équivalente à la perte dont il justifiera sur la recette présumée de 153,365 francs;

16.° Le soumissionnaire s'engage à fournir un cautionnement de 400,000 francs, dont il sera libéré après l'exécution des travaux;

17.° Les contestations qui pourraient s'élever relativement à l'exécution des clauses et conditions ci-dessus, seront jugées administrativement par le conseil de préfecture du département, sauf le recours au conseil du Roi.

Paris, le 21 avril 1818.

Signé : HONNOREZ.

RAPPORT

Fait par M. le Baron DE BRIGODE, Député du Nord, au nom de la Commission chargée de l'examen du Projet de Loi relatif au canal de la Sensée.

Séance du 1.er mai 1818.

MESSIEURS,

La rivière de la Scarpe n'arrive aujourd'hui dans l'Escaut qu'après de longs détours, et sa navigation présente souvent des obstacles insurmontables.

Le projet de loi dont je suis chargé de vous faire le rapport, a pour but d'autoriser la concession d'une entreprise, qui, sans supprimer la navigation actuelle de la Scarpe, tend à établir entre cette rivière et l'Escaut une communication nouvelle, plus facile et moins longue de 13 lieues sur 19. Elle doit multiplier considérablement les relations commerciales des contrées les plus fertiles, opérer le dessèchement d'une étendue de six lieues de marais incultes et malsains, assurer et faciliter l'approvisionnement et la défense des places fortes de nos frontières.

Un particulier, qui déjà s'est acquis la confiance de l'administration par beaucoup d'activité, d'intelligence et de fidélité à remplir ses engagemens, le sieur Honnorez, se présente pour cette entreprise. Il offre un cautionnement de 400,000 fr., pour toute la durée de l'exécution de ses travaux.

Votre commission, Messieurs, a apporté une attention scrupuleuse aux différens articles du projet de loi. Mais ce projet n'étant que confirmatif de la soummission qui y est annexée, notre examen a dû se porter particulièrement sur les conditions qu'elle renferme.

Sans entrer dans le détail de toutes ces clauses, nous vous entretiendrons des plus importantes.

D'après ce projet, l'Etat s'engage à acheter maintenant le terrain sur lequel le canal de la Sensée doit être ouvert, et à payer les indemnités dues, pour le chômage, aux propriétaires des moulins existans sur la même rivière.

Au moyen de cette dépense et du droit de péage qu'on accorde au concessionnaire, tant sur le nouveau canal que sur les écluses que ce concessionnaire doit construire, l'Etat sera en possession, après les termes que je vais indiquer, du terrain et des travaux qui vont être exécutés. Quel que soit l'excédant de la dépense estimée maintenant à 1 million 515,000 francs, le concessionnaire n'aura aucune répétition de fonds à former. Toute la dépense que fait l'Etat se borne donc au paiement des indemnités et du terrain; et il aura, à l'expiration de la concession, outre le terrain qu'il achète, le canal pour intérêt de ses avances.

Les bénéfices du concessionnaire sont de deux espèces. Ils consistent dans le produit des droits de péage et dans la plus value d'une portion des terres améliorées par le dessèchement des marais voisins du canal.

Le péage établi sur les différentes écluses et sur le canal a été calculé pour rapporter l'intérêt de 8 pour 100 des avances faites par le concessionnaire. Sa durée a dû varier selon le tems nécessaire pour rembourser le montant des dépenses des différens travaux, y compris l'intérêt qu'elles emportent.

Ainsi, l'on a trouvé qu'une concession de péage de douze années aux écluses d'Iwuy sur l'Escaut suffirait pour rembourser la somme de 193,600 fr. à laquelle se montent le capital et les intérêts de la dépense des travaux à faire sur cette partie, et qui doivent être exécutés en dix-huit mois.

Ainsi, l'on s'est assuré que le terme de dix-neuf ans de péage était nécessaire pour le remboursement de la somme de 89,600 fr., à laquelle s'élèveront le capital et les intérêts de ce qu'il faut dépenser pour les travaux des écluses de Lambres et de Courchelettes sur la Scarpe.

Vous remarquerez peut-être qu'il y a une différence entre le terme de concession du péage de ces deux écluses. Elle provient de celle qui, conformément aux tableaux fournis par l'administration des impôts indirects, existe dans le nombre des bateaux passant par les deux écluses. C'est d'après les mêmes données que l'on a fixé le droit de péage à 24 centimes par tonneau sur chaque bateau chargé, et à douze centimes par tonneau sur chaque bateau vide qui traverseront les écluses de l'Escaut.

Le canal de la Sensée doit être terminé en quatre ans. Le capital et les intérêts de la dépense pour sa construction, s'élèvent à 1,878,600 fr. L'inspection du tarif proposé pour le péage a paru à votre commission sagement combiné dans les intérêts du commerce, et heureusement ils s'accordent ici avec ceux du concessionnaire ; car vous ne perdrez pas de vue, Messieurs, que si les droits étaient portés assez haut pour gêner le commerce, le concessionnaire en serait la première victime, puisque le passage deviendrait moins fréquent, et que la construction du nouveau canal ne supprime aucun des moyens de transport qui existent maintenant.

Le produit présumé du péage sur la Sensée est estimé 130,563 francs, d'après cette base, on trouve que quatre-vingt-dix-neuf ans, à dater du jour où la navigation sera établie, doivent suffire pour rembourser au concessionnaire le capital et l'intérêt de ses avances au taux établi ci-dessus.

Dans les sommes indiquées jusqu'ici pour les travaux des écluses et du canal ne sont pas comprises celles qu'il faudra employer au desséchement des marais de la Sensée et des affluens de cette rivière. Cependant les desséchemens sont un des points convenus de l'acte de concession. Il porte que l'entrepreneur s'engage à les exécuter et à présenter le projet des ouvrages à faire. C'est un article essentiel ; car il faut considérer le desséchement de cette grande étendue de terres qui vont être rendues à l'agriculture, comme un des principaux avantages de l'opération.

Sous ce rapport, votre commission regrette que le projet de soumission n'ait pas fixé le délai en dedans lequel les travaux de desséchement devront être terminés ; elle vous proposera de stipuler, par un amendement à l'article 4 du projet de loi, que les desséchemens seront achevés en six ans, à dater du jour de l'adoption du projet des travaux.

Quel que puisse être, Messieurs, le surcroît de dépenses à faire pour cet objet, l'Etat n'y concourra par aucune mise de fonds. Le concessionnaire la supportera seul ; il attend le remboursement de ses avances et ses bénéfices, de la plus value des terrains desséchés, à laquelle il aura droit pour trois cinquièmes ; les deux autres cinquièmes resteront aux propriétaires. Ici, nous devons vous faire observer que les dispositions des lois suivies jusqu'à ce jour, n'accordent aux propriétaires que le cinquième ou le quart au plus de la plus value provenant des améliorations produites par des causes semblables.

Nous ne négligerons pas, Messieurs, de fixer votre attention sur un point important. Le canal de la Sensée, établissant une communication directe entre Douai et Bouchain, il ne peut avoir d'utilité qu'autant que la navigation intérieure de Douai permettra aux bateaux d'arriver jusqu'à son embouchure.

Or, c'est le contraire de ce qui se trouve actuellement. Cette navigation aujourd'hui presqu'impraticable, exige, dans plusieurs endroits, des travaux de redressement et d'élargissement, qu'on a toujours négligés. Il devient singulièrement important de lever ces obstacles. Cette circonstance fait bien l'objet de l'article 15 de la concession ; il porte que les travaux de la traversée de Douai seront exécutés avant la fin de 1821, et dans le cas de délai, il accorde au concessionnaire une indemnité équivalente à sa perte présumée. Toutefois, votre commission qui doit s'attacher à d'autres considérations que les intérêts du concessionnaire, ne pensant pas que l'indemnité accordée à ce dernier, puisse dédommager le commerce du tort réel que les retards lui feraient éprouver, croit devoir particulièrement insister pour l'exécution immédiate des travaux. Cette exécution prompte paraît d'ailleurs avoir un autre avantage, celui de rétablir la confiance trop ébranlée dans l'exactitude avec laquelle le Gouvernement remplit ses engagemens ; et de cette dernière observation se déduira la nécessité d'apporter le même scrupule et la même promptitude au paiement des sommes qui seront dues aux propriétaires, soit pour achat de terrain, soit à titre d'indemnités. Sans doute le Gouvernement actuel ne s'exposera pas aux reproches d'un esprit de fiscalité et de chicane, que le dernier Gouvernement a mérités en plusieurs occasions semblables. Lorsqu'on réfléchit que des indemnités auxquelles des propriétaires des environs du canal de Saint-Quentin ont un droit acquis depuis dix ans, ne sont pas encore payées, il faut convenir que ce reproche n'était pas sans fondement. Grâce aux intentions justes et loyales qui animent actuellement l'administration, on a lieu d'espérer que les plaintes nombreuses élevées à ce sujet cesseront avant peu.

D'après ce qui précède, nous croyons qu'envisagé sous le rapport des clauses de l'acte de concession qu'il confirme, le projet de loi mérite votre assentiment. Nous avons dû nous en occuper sous d'autres rapports.

Le canal présente des avantages nouveaux, réels et inhérens à notre système de défense.

Il n'existe aujourd'hui entre Douai, Valenciennes, Bouchain et Cambrai, d'autre communication navigable que le cours de la Scarpe. Cette rivière descend jusqu'à Mortagne, petite ville située à un quart de lieue de la frontière. De cette proximité de nos limites territoriales, il résulte qu'en tems de guerre, toute communication par eau entre nos places fortes peut être interceptée, à cause du voisinage de l'ennemi. La nouvelle communication, placée à 10 lieues de la frontière, n'a que 6 lieues de longueur au lieu de 19 à 20 ; elle s'établit directement, comme j'ai eu l'honneur de vous le dire, entre Douai et le voisinage de Bouchain ;

9

et c'est une considération d'une haute importance pour le service des villes frontières, puisqu'elles recevront désormais rapidement les munitions, les approvisionnemens et les secours qu'elles peuvent attendre, soit réciproquement les unes des autres, soit des grands entrepôts de l'intérieur, avec lesquels leurs relations s'établissent par le canal de Saint-Quentin.

Je crois pouvoir m'abstenir, Messieurs, d'entrer dans le détail des avantages que le commerce du département du Nord et des départemens qui l'environnent, doivent retirer de l'exécution de ce projet. Je ne me suis attaché qu'à faire ressortir ceux qui auraient pu échapper à votre attention. Quant aux autres, ils sont trop évidens, et vos momens sont trop précieux, pour que je doive longuement vous en entretenir. Chaque année, le département du Nord expédie pour plusieurs millions d'huile de colza, de lin, d'œillette et autres graines, par les routes de terre; il en sort par la même voie pour une somme semblable de toiles, fils, lin et autres objets de matières premières ou manufacturées. Ces moyens de transport sont estimés quarante à cinquante fois plus coûteux que les canaux; mais, à l'inconvénient d'augmenter si considérablement le prix des denrées, ils joignent celui d'obstruer les chaussées, de les détériorer, de les rendre impraticables, de causer à l'État d'énormes et continuelles dépenses de réparations, d'enlever à l'agriculture un nombre considérable de chevaux, à l'industrie beaucoup de bras utiles.

Et ici, Messieurs, se rattacherait naturellement tout ce qu'il pourrait y avoir à dire sur la prééminence des canaux en général, comparés à tout autre moyen de transport; sur l'intérêt qu'a l'État de confier l'exécution de ces travaux à l'industrie particulière. J'aurais à citer l'exemple de l'Angleterre, qui emploie annuellement, de cette manière, plus de 5 à 600 millions en travaux publics si utiles à l'activité de son industrie; la France qui, dans le système suivi depuis quelques années, ne parvient guère à dépenser plus de 25 à 50 millions par an à cette destination, voit toutes les parties de ce service dans un état de délabrement des plus affligeans.

Mais, Messieurs, sur tous ces points, il n'y a rien à vous apprendre. Chacun de vous est convaincu de la défectuosité du système actuel et de la nécessité d'en sortir. On n'y parviendra qu'en encourageant fortement des entreprises telles que celles-ci, en attirant vers elles l'industrie par l'appât d'un bénéfice certain, en établissant une concurrence rapide. Dans l'état présent des choses, ce que les spéculateurs gagneront ici, doit être considéré comme un vrai profit pour la société : leurs pertes comme un dommage public, et de là résulte qu'en examinant des objets de cette nature, il y aurait aujourd'hui peut-être moins lieu de s'inquiéter si les spéculateurs gagnent trop, que de s'assurer qu'ils gagnent assez.

Du reste, lors même que l'on ne partagerait point cette opinion, il n'y aurait nulle objection à faire contre le projet, sous le rapport des profits qu'en retirera le concessionnaire. L'intérêt des fonds y est calculé à 8 pour 100.; les profits des fonds placés dans le commerce sont estimés rapporter 10. En Angleterre, l'intérêt de l'argent est à 5, et l'on accorde 10 pour 100 aux entreprises de travaux publics.

Sous le point de vue des gênes que le tarif des droits de péage apporterait au commerce, le projet ne nous paraît pas plus attaquable. Ce tarif a été réglé d'après le tableau des mêmes droits perçus par l'administration des impôts indirects ; et d'ailleurs, si vous trouviez convenable de baisser ce droit, vous ne pourriez vous empêcher de prolonger proportionnellement la durée de la concession, et de retarder ainsi l'époque à laquelle la jouissance du canal est assurée à l'Etat.

D'après ces différens motifs, Messieurs, votre commission vous propose d'adopter le projet de loi, sauf l'amendement proposé à l'article 4 ; il consiste à ajouter à la suite de cet article, *les dessèchemens seront achevés en six ans, à dater du jour de l'adoption du projet des travaux.*

Séance du samedi 2 mai 1818.

La discussion est ouverte sur le projet de loi qui accepte la soumission présentée par le sieur Honnorez pour l'exécution du canal de la Sensée.

Personne ne demandant la parole, les articles sont mis aux voix et provisoirement adoptés avec cette clause additionnelle à l'article 4 proposée par la commission :

« Les dessèchemens seront achevés pour le terme de six ans, à dater du jour de l'adoption du projet des travaux. »

L'appel nominal pour le scrutin secret donne le résultat suivant :

Sur 138 votans, 136 pour l'adoption, 2 contre.

M. le président proclame l'adoption du projet de loi.

CHAMBRE DES PAIRS.

Séance du 7 mai 1818.

L'ORDRE du jour appelle le rapport de la commission spéciale chargée d'examiner trois projets de loi, dont l'un est relatif à la concession du canal de la Sensée.

Au nom de la commission spéciale, M. le duc de Saint-Aignan, l'un des membres, obtient la parole et fait le rapport suivant :

Messieurs, dans votre dernière séance vous avez formé une commission spéciale pour l'examen des trois projets de loi qui vous avaient été présentés.

Votre commission s'est fait un devoir de remplir la tâche honorable que vous lui avez imposée, et je viens en son nom vous rendre compte de son travail.

CANAL DE LA SENSÉE.

Nous n'avons rien à ajouter, Messieurs, à ce qui a été dit dans la Chambre des Députés sur le Canal de la Sensée. M. le Ministre de l'intérieur et le rapporteur de la commission ont fait connaître l'utilité et l'importance de cette nouvelle communication pour le commerce du Nord de la France.

Nous avons examiné après eux, et comme eux nous avons trouvé justes les conditions de la concession. Elles nous ont paru suffisamment favorables au concessionnaire, sans toutefois lui être trop avantageuses; ici l'intérêt même de l'entrepreneur le forçait à demander qu'elles ne lui procurassent pas de trop gros bénéfices par l'élévation du droit de péage; car si ces droits étaient trop chers, les bateliers continueraient à suivre la Scarpe, comme ils le font aujourd'hui.

Les droits auxquels ils seront assujétis sur le canal ne seront payés par eux qu'autant qu'ils trouveront plus profitable de racheter les frais et la perte de quinze à vingt jours de navigation, par la modique somme d'un franc par tonneau sur la plus grande partie des bateaux.

Ce péage sera un impôt, mais un impôt véritablement volontaire et dont le produit finira par rendre l'Etat propriétaire d'un canal dont la dépense n'aura été acquittée que par ceux à qui il aura été utile.

Nous ne nous étendrons pas davantage sur ce qui est relatif à la confection du canal proprement dite; ce n'est pas à vous, Messieurs, qu'il faut rappeler l'intérêt qu'a l'État à multiplier les communications par eau et à les faire établir par des compagnies toujours plus exactes à effectuer les paiemens des travaux, toujours plus attentives et plus intéressées à en perfectionner l'exécution.

Le projet de loi a trois parties distinctes :

1.° La confection du canal ;

2.° Les travaux à faire aux écluses d'Iwuy, Lambres et Courchelettes ;

3.° Le dessèchement des vallées de la Gache et de l'Hirondelle.

Nous le répétons, nous n'avons rien à ajouter à ce qui concerne la confection du canal.

Quant aux travaux à faire aux écluses, nous ferons une observation qui paroit ne pas avoir été sentie par la Chambre des Députés, c'est que, quand même le canal ne se feroit pas, ces travaux seraient nécessaires pour améliorer la navigation de la Scarpe et de l'Escaut, et qu'au moyen d'un léger droit de 24 centimes que le concessionnaire percevra pendant peu d'années ; le Gouvernement se libère d'une dépense considérable et assure non seulement la nouvelle navigation, mais encore celle qui existe à présent.

La soumission du sieur Honnorez et le projet de loi, par suite, n'avaient pas fixé le délai dans lequel les travaux de dessèchement des vallées de la Gache et de l'Hirondelle auraient été effectués.

La Chambre des Députés a fait, sous ce rapport, une amélioration à la loi, en y ajoutant, par un amendement, que ces travaux seraient achevés dans le terme de six ans.

Les légères modifications apportées à la loi sur les dessèchemens résultent de ce que la plus grande partie du dessèchement sera produite par la confection même du canal, et on a borné la portion du bénéfice de la plus value aux trois cinquièmes ou du moins aux trois quarts.

En résumé le projet de loi relatif au canal de la Sensée établit un nouveau débouché aux produits du département du Nord et abrège de quinze à vingt jours le tems qu'ils mettraient à arriver au canal de Saint-Quentin.

Il fait exécuter sur la Scarpe et sur l'Escaut des travaux utiles au nouveau canal, mais nécessaires à la navigation de ces deux rivières.

Il livrera à l'agriculture des terres aujourd'hui improductives, et par conséquent fournira à l'État de nouvelles richesses.

Cependant, Messieurs, il nous est impossible de vous cacher que cette nouvelle communication aurait peu ou point de résultat, si le Gouvernement ne s'occupait pas de mettre promptement le canal de Saint-Quentin en bon état de navigation.

Si les produits du département du Nord dont on a parlé n'arrivent pas dans l'intérieur par ce canal, s'ils encombrent ou détruisent nos routes, s'ils causent ainsi des frais considérables à l'État, s'ils ne sont livrés aux consommateurs qu'à des prix élevés, il faut l'attribuer principalement aux difficultés que présente la navigation du canal de Saint-Quentin.

On vous dit qu'il n'a jamais été expédié un seul bateau de Lille à Paris.

Nous le croyons, et les difficultés de la navigation de la Scarpe qui vont disparaître ont pu y contribuer : mais lorsque les travaux de Lambres, de Courchelettes et d'Iwuy l'auront améliorée, lorsque la confection du canal de la Sensée l'aura abrégée de quinze à vingt jours, quel sera le négociant qui, malgré ces avantages, voudra confier au canal de Saint-Quentin ses huiles ou ses toiles, dont les prix sont si variables, et s'exposer aux chances malheureuses que deux mois et demi ou trois mois de traversée peuvent lui faire éprouver.

La navigation par le canal de Saint-Quentin durerait maintenant environ trois mois.

Si ce canal était ce qu'il peut et doit être elle serait réduite à dix ou douze jours.

Le transport des marchandises se fait par terre en sept ou huit jours et coûte 80 ou 100 francs par tonneau.

Il se ferait alors par eau pour 25 ou 30 francs en quatre jours de plus.

Qui peut évaluer la diminution qui aurait lieu sur le prix des marchandises et sur l'entretien des routes du Nord ?

Nous espérons que le Gouvernement aura égard à ces observations, et qu'il sentira combien l'intérêt général exige, ou qu'aux frais de l'Etat ce canal soit confectionné aussitôt que les circonstances le permettront, ou qu'il soit concédé à une compagnie qui bientôt parviendrait à en tirer un parti plus utile.

Nous vous rappellerons, Messieurs, que les grands travaux entrepris autrefois par des actionnaires, comme il serait à désirer qu'ils se fissent à présent, ont été toujours ruineux pour les entrepreneurs, non à cause des obstacles naturels, mais à cause des difficultés contentieuses. La législation, plus simple à présent dans son unité, n'a plus autant de piéges ; cependant la législation particulière aux ponts et chaussées a encore beaucoup d'incertitudes et d'obscurités. Les attributions judiciaires et administratives sont en grand conflit, particulièrement sur cette matière. Ces belles entreprises auxquelles l'intérêt particulier s'empresse de concourir de diverses

manières, et dont vous avez aujourd'hui trois exemples bien dignes d'approbation et d'encouragement, risquent encore d'être arrêtées et découragées
par les longueurs qu'amène l'incertitude de la législation. C'est un ordre
de choses que les progrès de nos institutions atteindront avec le tems et
qui sera réglé dans l'esprit de la Charte. Un grand intérêt public s'attache
à cette espérance. Un monarque éclairé, protecteur des arts utiles et libéraux,
conquérant de la justice, y portera sans doute ses nobles regards.

Tel est, Messieurs, le résultat de l'examen fait par votre commission.

Les trois projets de loi sont d'un intérêt majeur, puisqu'en offrant de
sûrs moyens d'activer et de multiplier nos relations commerciales, soit
dans l'intérieur, soit avec l'étranger même, ils tendent tous également à produire de nouvelles sources d'industrie pour la France et nous faire perdre
jusqu'au souvenir de nos malheurs passés, en ranimant à la fois tous les
germes de la prospérité publique, que le règne de la justice et de la paix
pouvait seul faire refleurir sous un Gouvernement essentiellement paternel.

Votre commission vous propose à l'unanimité l'adoption des trois projets
de loi : c'est une nouvelle occasion de prouver par votre assentiment que,
lorsqu'il s'agit d'objets qui intéressent aussi évidemment l'avantage de la
patrie, les principaux corps de l'Etat ne sont qu'un avec le Souverain.

On demande et la Chambre ordonne l'impression du rapport qui vient
d'être entendu.

Elle décide, nonobstant cette impression ordonnée, que la discussion
s'ouvrira de suite sur les différens projets de loi.

Il est fait lecture du projet de loi relatif à la concession du canal de
la Sensée.

Aucune réclamation ne s'élevant contre l'adoption proposée de ce projet,
ses divers articles sont relus, mis aux voix et provisoirement adoptés.

M. le président annonce qu'il va être voté au scrutin sur l'adoption
définitive.

On procède au scrutin dans la forme usitée pour le vote des lois : le
nombre des votans constaté par l'appel nominal est de 8o ; sur ce nombre
le résultat du dépouillement donne 79 en faveur du projet ; son adoption
est proclamée au nom de la Chambre par M. le président.

ORDONNANCE DU ROI

*Portant autorisation, conformément aux Statuts y annexés,
de la Société anonyme formée à Douai, département du
Nord, sous le nom de Société du Canal de la Sensée.*

Au château des Tuileries, le 18 Mai 1820.

LOUIS, par la grâce de Dieu, ROI DE FRANCE ET DE NAVARRE,
à tous ceux qui ces présentes verront, SALUT.

Sur le rapport de notre ministre secrétaire d'État de l'intérieur ;

Vu la loi du 13 mai 1818, qui accepte la soumission présentée par le
sieur *Augustin Honnorez*, et par laquelle il offre de se charger de l'exécution
du canal de la Sensée et des réparations à faire aux parties adjacentes des
rivières de l'Escaut et de la Scarpe ;

Vu la soumission annexée à la susdite loi, portant qu'il sera permis au
sieur *Honnorez*, pendant les six premières années de la concession, de former,
soit pour l'exécution de ses travaux, soit pour se procurer les fonds nécessaires, toutes les associations qu'il jugera convenables, en se conformant
aux lois ;

Vu l'acte social passé, le 19 janvier 1820, pardevant *Custers* et son
collègue, notaires royaux à la résidence de Douai, contenant les statuts
de la société anonyme que le sieur *Augustin Honnorez*, concessionnaire,
et le sieur *Florent Honnorez*, son frère et son associé, ont établie par
ledit acte ;

Vu les articles 29 à 37, 40 et 45 du code de commerce ;

Notre conseil d'État entendu ;

NOUS AVONS ORDONNÉ ET ORDONNONS ce qui suit :

ART. 1.er La société anonyme formée à Douai, département du Nord,
sous le nom de *Société du canal de la Sensée*, est et demeure autorisée,
conformément à l'acte social contenant les statuts de ladite association,
passé pardevant *Custers* et son collègue, notaires à Douai, le 19 janvier
1820, lequel acte demeurera annexé à la présente ordonnance et sera
affiché avec elle, conformément à l'article 45 du Code de commerce.

2. Est exceptée de la présente approbation, la partie de l'article 44 des
statuts qui porterait préjudice au droit de faire juger par arbitres toute

contestation entre associés et pour raison de la société, tel qu'il est établi par l'article 51 du code de commerce.

3. Notre présente autorisation vaudra pour toute la durée de la société, ainsi qu'elle est fixée à l'article 2 de l'acte social, à la charge d'exécuter fidèlement les statuts, nous réservant de révoquer notre dite autorisation en cas de non-exécution ou violation des susdits statuts par nous approuvés, le tout sauf les droits des tiers et sans préjudice des dommages et intérêts qui seraient prononcés par les tribunaux contre les auteurs des contraventions.

4. Il est entendu que le sieur *Honnorez* reste personnellement soumis, vis-à-vis de l'État, à toutes les obligations que lui ont imposées la loi du 13 mai 1818, et sa soumission y annexée, et responsable de leur accomplissement, sans que cette responsabilité puisse être en aucune manière modifiée par la présente ordonnance.

5. Notre ministre secrétaire d'état de l'intérieur est chargé de l'exécution de la présente ordonnance, qui sera insérée au bulletin des lois; en outre, les statuts de la société seront insérés dans le Moniteur et dans le journal destiné à recevoir les avis judiciaires dans le département du Nord.

Donné en notre château des Tuileries, le 18 mai, l'an de grâce 1820, et de notre règne le vingt-cinquième.

Signé: LOUIS.

Par le Roi:

Le Ministre Secrétaire d'état au département de l'intérieur,

Signé SIMÉON.

Acte social contenant les statuts de la société anonyme du Canal de la Sensée.

CHAPITRE I.er

De la Formation de la Société.

Art. 1.er Les concessions accordées au sieur *Augustin Honnorez*, et communes à son frère le sieur *Florent Honnorez*, telles qu'elles sont déterminées par la soumission ci-dessus transcrite et la loi du 13 mai 1818, ainsi que tous les droits en résultant, rien excepté ni réservé, sont l'objet de cette société.

2. L'association est formée pour tout le tems de la durée de chacune desdites concessions.

3. Les sieurs *Augustin* et *Florent Honnorez* déclarent avoir déjà exécuté

10

la majeure partie des travaux prescrits et indiqués par les actes de concession, et ils s'engagent très-expressément à les parachever à leurs frais et
risques, conformément aux projets et dans les délais fixés, ou même avant,
si faire se peut.

4. Les articles 1.er, 2 et 3 de la soumission précitée ayant évalué la
dépense à la somme d'*un million sept cent cinquante mille francs*,
conformément aux projets approuvés en conseil des ponts et chaussées par
M. le directeur-général, les sieurs *Honnorez* ont porté à ladite somme
le capital de la présente société, et en conséquence ils ont créé et créent
cent soixante-quinze actions de dix mille francs chacune, dont ils se réservent
expressément la cession.

5. Les actions seront tirées d'un registre à talons et à souches, signées
par les sieurs *Augustin* et *Florent Honnorez*, et visées par M.e *Custers*,
notaire actuel de la société, de résidence à Douai ; la cession s'en fera et
sera constatée par une déclaration séparée, mise au bas de l'acte et signée
également par lesdits sieurs *Honnorez*.

6. Indépendamment du registre mentionné en l'article précédent, il sera
ouvert, en double expédition, un registre sur lequel les actions cédées
ou retenues par les sieurs *Honnorez* sont inscrites nominativement.

L'un des doubles sera déposé entre les mains du caissier général, et
l'autre entre les mains d'un des administrateurs de la société.

7. Les porteurs d'actions pourront les transférer ; le transport s'opérera
par l'endossement et la tradition du titre : néanmoins le cessionnaire sera
tenu de donner connaissance du transfert, tant au caissier général qu'à
l'administrateur porteur du registre des actions ; et il devra, en outre,
faire mention du transfert sur les deux doubles dudit registre, par une
déclaration signée de lui ou de son fondé de pouvoirs.

8. L'action est déclarée indivisible.

9. Tout appel de fonds sur les actionnaires ou leurs représentans est
prohibé ; et dans aucun cas, ils ne pourront être inquiétés ni recherchés
pour dettes ou autres obligations quelconques, contractées à raison ou à
l'occasion de l'exécution des travaux et de l'entreprise dont il s'agit : ils
ne seront passibles que de la perte du montant de leur intérêt dans la
société.

10. Le canal et ses dépendances seront indivisibles entre les mains des
actionnaires. La concession résidera toujours sous le titre collectif de
l'association ; il ne pourra en être distrait ni séparé aucune portion par
cession, donation ou toute autre cause.

11. La destination de la chose mise en société ne pourra jamais être changée ni convertie à d'autres usages qu'à ceux de la navigation.

12. La société pourra néanmoins faire tous les changemens utiles, tendant à améliorations, tels que prises d'eaux, déversoirs, création d'usines, etc. Dans le cas où les dessèchemens dont il est fait mention aux art. 12 et 13 de la soumission ci-dessus transcrite, ne seraient point parfaits par l'effet de l'exécution du canal, la société pourra également entreprendre, mais à ses frais, les travaux qui seraient nécessaires pour opérer complétement lesdits dessèchemens; et en conséquence, les produits qui en résulteraient, entreraient dans la présente société.

Il est bien entendu que les travaux dont il s'agit ne seront exécutés que d'après une délibération expresse de l'assemblée générale, comme il sera dit ci-après, avec les produits seuls du canal et de ses dépendances, et sans qu'il soit permis de faire aucun appel de fonds, ainsi qu'il a déjà été stipulé à l'article 9.

13. L'universalité des actionnaires formera la société anonyme établie par le présent, et prendra le nom de *Société du Canal de la Sensée.*

CHAPITRE II.

De l'Administration de la Société.

14. La société sera représentée par les actionnaires possédant au moins cinq actions, ou leurs fondés de pouvoirs, et par ceux d'actionnaires réunis ayant ensemble au moins cinq actions.

Les actionnaires ne pourront en aucun cas charger de leurs pouvoirs qu'un actionnaire ayant déjà voix délibérative, ou leur fils, gendre ou frère, et, en cas de réunion, le fils, le gendre ou le frère d'un des actionnaires-réunis.

15. Les actionnaires représentans de la société se réuniront en assemblée générale, tous les ans, le troisième lundi de janvier, à midi précis, sans qu'il soit besoin de convocation; le chef-lieu de l'association sera à Douai. Jusqu'à désignation ultérieure d'un autre local, les réunions auront lieu en ladite ville, à l'hôtel du Nord, rue Saint-Eloi.

16. Lesdits actionnaires pourront être convoqués en tout autre tems, à la demande et diligence des administrateurs dont il sera ci-après parlé. Dans ce cas, la convocation devra être faite quinze jours au moins avant la tenue de l'assemblée.

17. Pour prévenir tous embarras et erreurs dans la convocation, chaque

actionnaire choisira un domicile dans la ville de Douai, où toute notification lui sera valablement faite. Les élections de domicile seront consignées au registre des résolutions de la société; la notification se fera par lettres chargées.

18. L'assemblée générale ne pourra délibérer que lorsqu'elle sera composée au moins d'un tiers des actionnaires ayant voix délibérative.

19. Dans toute assemblée générale, les voix se compteront par le nombre d'actions, et comme il suit :

Cinq actions, une voix;

Dix actions, deux voix;

Quinze actions, trois voix;

Et vingt actions et plus, quatre voix.

20. La première assemblée générale aura lieu le jour de l'ouverture de la navigation du canal.

Il sera nommé, à cette réunion, trois administrateurs pris parmi les actionnaires possédant au moins cinq actions, et qui seront exclusivement chargés de régir les intérêts de la société.

Le fondé de pouvoirs de plusieurs actionnaires ayant ensemble cinq actions ne pourra être nommé administrateur. Les administrateurs ne seront responsables que de l'exécution du mandat qu'ils auront reçu, et ne contracteront, à raison de leur gestion, aucune obligation personnelle ni solidaire, relativement aux engagemens de la société.

21. Les administrateurs seront nommés pour trois ans : ce terme expiré, ils seront rééligibles.

Ils se réuniront deux fois au moins par an à Douai, savoir : le troisième lundi de janvier et le premier lundi de juillet. Jusqu'à autre disposition, les réunions se feront à l'hôtel du Nord.

22. L'un ou l'autre des administrateurs pourra provoquer des assemblées plus fréquentes; lorsque l'état ou les intérêts de la société l'exigeront.

23. En assemblée de ces administrateurs, les voix se compteront par tête, sans avoir égard au nombre d'actions.

24. Lesdits administrateurs désigneront entre eux celui qui remplira les fonctions de caissier général : ils surveilleront les recettes et les depenses.

25. Ils présenteront à la nomination de l'assemblée générale les receveurs, éclusiers, gardes et autres préposés qui seront nécessaires. Ces employés seront révocables à la volonté de ladite assemblée générale, qui fixera également leur traitement.

26. Pourront néanmoins les administrateurs suspendre et remplacer provi-

soirement lesdits employés lorsqu'ils le jugeront convenable aux intérêts de la société; mais la destitution et le remplacement définitifs de ces employés ne seront prononcés qu'en assemblée générale, sur leur proposition; conformément à l'article précédent.

27. Les receveurs seront tenus d'inscrire les recettes, article par article, jour par jour, sur des registres à talons, cotés et paraphés par un des administrateurs autre que celui qui exercera les fonctions de caissier général.

Les actionnaires ayant voix délibérative à l'assemblée générale auront le droit de vérifier et contrôler à volonté les registres des receveurs, le tout néanmoins sans déplacement.

Les mêmes actionnaires pourront exiger des receveurs les bordereaux des recettes et dépenses de chaque mois, et des versemens qu'ils auront faits au caissier général.

28. Les actes judiciaires et extrajudiciaires concernant la société, soit activement, soit passivement, seront faits au nom de l'association, poursuites et diligence des administrateurs.

29. Toutes les résolutions des administrateurs seront provisoires et provisoirement exécutées; elles seront inscrites sur un registre, et portées à la connaissance de l'assemblée générale, pour obtenir son assentiment.

50. Les administrateurs et le caissier général n'auront droit à aucune indemnité : ils obtiendront seulement le remboursement de leurs frais, sur état approuvé par l'assemblée générale.

51. Pour garantie de leur gestion, les administrateurs devront déposer cinq actions chez le notaire de l'association; et celui qui exercera les fonctions de caissier général, trois de plus.

Ces actions seront inaliénables durant leurs fonctions.

CHAPITRE III.

Du Compte à rendre aux Actionnaires, et du Règlement des intérêts et dividendes.

32. La société entrera en jouissance le jour où la navigation sera établie sur le canal : à partir de cette époque, toutes les recettes, même celles qui auraient pu être faites précédemment, et notamment le produit de l'écluse d'Iwuy, en perception depuis le 20 octobre 1819, seront partagées entre tous les actionnaires.

33. Les administrateurs présenteront à l'assemblée générale de chaque année le compte des recettes et dépenses de l'année précédente.

34. Chaque actionnaire pourra prendre connaissance de l'arrêté des recettes et dépenses, et du réglement qui aura été fait des dividendes.

55. Il sera payé deux dividendes par année.

36. A leur assemblée du premier lundi de juillet, les administrateurs régleront le dividende du premier semestre de l'année, d'après la situation de la caisse.

37. Le deuxième dividende sera réglé tous les ans par l'assemblée générale, d'après le compte dont est question à l'article 55.

58. Les dividendes délibérés se paieront à vue à la caisse générale de la société, ou à la demande de l'actionnaire, en bons sur Paris.

59. Un vingtième des produits nets annuels sera mis en réserve et placé dans les fonds publics de France, jusqu'à concurrence d'un capital nominal de deux cent mille francs. Ce capital entrera en accroissement de chaque action, dont il ne pourra être séparé, pour devenir, comme elle, la propriété de l'actionnaire; il pourra cependant, en cas de circonstance extraordinaire, être employé aux dépenses imprévues ou d'amélioration, s'il y a lieu, d'après une délibération de l'assemblée générale.

En cas de diminution par un emploi quelconque, suivant la réserve précédente, il sera fait successivement de nouvelles retenues au même taux pour compléter ce capital.

Les intérêts annuels que produira ladite somme seront portés en recette à l'expiration de la société; le capital dont il s'agit sera vendu et partagé entre les actions.

CHAPITRE IV.

De la Direction et Surveillance des Travaux d'entretien et autres Travaux d'art.

40. Les administrateurs s'adjoindront un ingénieur du corps royal des ponts-et-chaussées, pour la direction des travaux d'entretien et autres ouvrages d'art du canal. Cet ingénieur sera choisi et révocable par l'assemblée générale, qui arrêtera annuellement ses états d'honoraires.

41. Chaque année, avant l'assemblée générale, l'ingénieur rédigera le projet des dépenses d'entretien et autres travaux d'utilité, et il le soumettra à l'examen des administrateurs, qui le présenteront avec leurs observations à l'assemblée générale, pour obtenir l'autorisation des dépenses à faire dans la campagne.

42. En cas d'accidens imprévus, les administrateurs seront autorisés à prendre toutes les mesures nécessaires pour arrêter et rpéarer les dégra-

dations urgentes, à charge de convoquer une assemblée générale si les dépenses devaient outre-passer la somme de six mille francs.

45. Il sera fait, chaque année, par les administrateurs, accompagnés de l'ingénieur, une visite générale du canal et dépendances, pour en constater l'état et faire connaître les réparations qui auraient été négligées et les constructions qui seraient jugées nécessaires ; il sera du tout dressé procès-verbal.

CHAPITRE V.

Dispositions générales.

44. Toutes les résolutions qui seront prises en assemblée générale des actionnaires représentans de la société, sur tous les intérêts en dépendans, ainsi que sur toute espèce de contestations qui pourraient s'élever à raison desdits intérêts entre les actionnaires entre eux ou entre les administrateurs et actionnaires, seront obligatoires pour les associés, lesquels s'engagent formellement à y obtempérer comme à un jugement en dernier ressort, renonçant expressément à toutes voies judiciaires quelconques, appels ou recours, quels qu'ils soient.

45. Le présent acte de société sera soumis à l'approbation du Gouvernement, conformément à l'article 57 du Code de commerce.

Certifié conforme :

Le Secrétaire du Comité, signé BOULLÉE.

NOTES
SUR LES WATTERINGUES
DE L'ARRONDISSEMENT DE DUNKERQUE.

On a successivement étendu la dénomination du mot *Watteringues* (qui signifie proprement eaux qui courent) aux ouvrages de dessèchement et aux terres préservées des inondations par ces ouvrages.

On désigne, dans le département du Nord, sous le nom de pays à Watteringues, la vaste plaine basse qui s'étend de l'Aa à Furnes, et des dunes aux premiers coteaux. Ce bassin, où se réunissent les eaux des montagnes voisines, d'un niveau inférieur à celui de la haute mer, n'a été desséché qu'au moyen d'un grand ensemble de travaux, et par les soins éclairés d'une administration locale très-vigilante.

La partie des Watteringues, renfermée dans les limites du département du Nord, a sept lieues de long et quatre de large. Elle comprend une partie des territoires des villes de Gravelines, Bourbourg, Bergues et Dunkerque, et ceux de beaucoup de villages.

Les premiers travaux remontent à l'année 1169, époque à laquelle Philipe d'Alsace, comte de Flandre et de Vermendois, ordonna le dessèchement d'une portion de ces terres.

Pendant les premiers siècles, les travaux furent isolés; chaque propriétaire se débarrassait des eaux en les rejettant sur les terres riveraines : ce qui donna lieu à un grand nombre de difficultés et de procès; pour les prévenir, les comtes de Flandres créèrent une administration spéciale qui fut chargée de présider à l'ouverture et à l'entretien

11

des canaux de dessèchement et d'irrigation. Cette institution changea souvent dans la suite de nom et de forme, mais elle conserva toujours jusqu'en 1792 cette indépendance nécessaire à la promptitude, comme à la ponctualité dans l'exécution. Le Gouvernement se bornait à la protéger et à donner son adhésion au choix libre des délégués et à leurs actes, sans jamais intervenir dans leurs délibérations.

Les gouvernemens de la révolution qui confondirent tous les pouvoirs en les centralisant détruisirent cette institution salutaire. Ils attribuèrent à leurs agens les fonctions et l'autorité de l'administration des Watteringues, et se chargèrent de la recette et de la dépense des ouvrages.

En 1793 ce pays fut submergé par l'ordre des commandans militaires qui, étrangers aux localités, tendirent les inondations avec les eaux de la mer. Une stérilité de plusieurs années et la perte de tous les arbres furent le résultat de cette fausse mesure. Si on eût employé les eaux de l'Aa, l'inondation eût été aussi forte, et on eût épargné à l'arrondissement une perte de dix millions.

Les opérations militaires et le défaut d'entretien des ouvrages occasionnèrent le comblement des canaux, la chûte des écluses et des ponts et la perte des récoltes. La population réduite à la mendicité diminuait ; les terres étaient sans valeur. On sentit alors la nécessité de rétablir l'ancienne administration locale et indépendante des Watteringues. M. le Préfet, après avoir consulté les propriétaires intéressés, rédigea, d'accord avec les plus instruits, le règlement qui a passé en loi et dont nous rapporterons le texte.

Depuis cette organisation, les administrateurs des Watteringues ont fait curer 243 canaux, réparer ou remettre à neuf 520 ponts et 160 écluses, et fait construire un grand nombre d'ouvrages neufs qui complètent plusieurs des premiers travaux, et améliorent le système général de dessèchement

et d'irrigation de cette contrée. Ils poursuivent leurs opérations avec autant de zèle que de sagacité, et il ne leur
manque, pour amener le pays à un plus haut degré de prospérité, que le droit d'entreprendre les ouvrages nécessaires
et urgens qu'on ajourne par des considérations militaires.

Le pays des Watteringues arrosé par la rivière de l'Aa et
les canaux de dérivation de cette rivière, est desséché au
moyen des écluses de Dunkerque et de Gravelines, où se
déchargent ces canaux à marée basse, et il est garanti des
inondations de la mer par ces mêmes écluses qui empêchent
la marée haute de remonter dans les terres. Les propriétaires des Watteringues sont donc intéressés à l'entretien et
à l'amélioration des canaux intérieurs et des ouvrages du
port de Dunkerque ; aussi ont-ils payé, pour ces travaux,
moitié de la dépense, ou près de 2 millions depuis 15 ans,
quoique la superficie des terres imposées extraordinairement
ne soit que de 38,880 hectares.

Les Watteringues, dans le département du Nord, sont
divisées en quatre sections composées :

La première, du terrain renfermé entre la rivière d'Aa,
le canal de Bourbourg et la mer.

La deuxième, de celui compris entre la rivière de l'Aa, le
canal de Bourbourg, le canal de Dunkerque à Furnes et celui
de la Colme.

La troisième, du territoire situé à la droite du canal de la
Colme et enfermé entre la rivière d'Aa et la route royale
n.º 17 de Bergues à Cassel.

Et la quatrième, du territoire situé entre cette route, le
canal de Bergues à Dunkerque, celui de Furnes, les frontières
de la Belgique, à l'exception des Moëres et leurs dépendances.

L'étendue de la 1.re section est de...... 9,298 hectares.
Celle de la deuxième................... 10,189
Celle de la troisième 8,509
Et celle de la quatrième............. 10,884

           TOTAL .... 38,880 hectares.

Le pays des Watteringues est peut-être celui de la France où l'art a obtenu le triomphe le plus complet sur la nature. On est parvenu, à force de persévérance, à enlever du domaine de la mer 28 lieues quarrées de terrain ; à prévenir le retour des marées ; à couper en tout sens ce sol bas par des tranchées profondes ; à faire servir les mêmes canaux à l'irrigation, à la navigation et au dessèchement ; et à procurer à une population de soixante mille ames une prospérité inconnue dans les localités les plus heureusement situées. Telle a été l'influence d'une administration (1) locale et paternelle

---

(1) Cette heureuse institution a surtout l'avantage, ainsi qu'il arrive toujours, de former des hommes. Chacune des personnes obligées de délibérer sur les projets a dû réfléchir sur le mode le plus économique de percevoir des impôts ; sur le meilleur emploi des fonds ; sur tous les travaux d'irrigation, de dessèchement, de navigation et de culture ; et a nécessairement acquis les connaissances nécessaires à ses fonctions. Il en est résulté que les commissaires sont instruits ; que l'ingénieur de l'arrondissement, chargé de coordonner un si grand nombre de travaux variés, est très-supérieur, et que le Sous-Préfet, appelé comme grand propriétaire et comme fonctionnaire, à discuter toutes les mesures, est devenu l'un des administrateurs les plus capables de la France.

Quelque satisfaction qu'on éprouve en parcourant les immenses travaux des Watteringues, faits par une suite de générations intelligentes et courageuses, et en apercevant cette belle agriculture et cette population, maintenant riche et heureuse, on ne peut se défendre d'un sentiment pénible : près de là, l'Océan s'élève deux fois par jour à plusieurs toises au-dessus du sol ; une simple porte en bois est interposée entre le pays et les flots

qui a le droit de s'imposer pour exécuter des travaux utiles, et de régler elle-même l'emploi des fonds après que les budgets et les projets ont été visés par le Préfet.

Nous donnons la loi d'organisation de l'institution des Watteringues comme un modèle qu'on pourrait adopter pour le desséchement des marais communaux et même pour la construction et la réparation des chemins vicinaux.

DÉCRET

de Réorganisation de l'Administration des Watteringues.

Vu la loi du 20 septembre 1792, celle du 14 floréal an 11, et le règlement administratif du 16 fructidor an 12, proposé par le préfet du Nord pour la réorganisation des Watteringues;

Notre conseil d'État entendu,

Nous avons décrété et décrétons ce qui suit :

ARTICLE PREMIER. Le territoire desséché et soumis à l'administration des Watteringues dans l'arrondissement de Dunkerque, restera divisé en quatre sections, conformément

---

qui le menacent : la mer respecte cette barrière et la population est tranquille ; mais à chaque guerre les hommes, plus terribles que les élémens, ouvrent les portes qui retiennent l'Océan, et le pays est englouti. A peine reste-t-il assez de tems aux cultivateurs pour entraîner leurs troupeaux et s'échapper eux-mêmes. On plonge ainsi dans la misère quinze mille familles qui, armées pour la défense de l'Etat, sauraient mieux protéger la frontière que des champs transformés en marais. Chaque inondation ou chaque guerre coûte à l'arrondissement de Dunkerque plus de dix millions ; c'est-à-dire, beaucoup plus qu'il n'en faudrait pour armer la population, préserver le pays de l'étranger, et faire même la conquête de son territoire. La défense des frontières confiée aux autorités locales, serait mieux assurée et plus économique. On pourrait alors supprimer la plupart des impôts, enrichir ainsi les campagnes et renoncer à ces moyens ruineux de conservation qui donnent lieu trop souvent aux guerres intestines et étrangères.

à l'arrêté du préfet du Nord du 8 floréal an 9, et ces sections continueront d'être administrées d'une manière distincte et indépendante.

2. Il y aura, dans chacune des quatre sections, une commission administrative composée de cinq membres, qui seront nommés dans la forme ordinaire des élections publiques, par les trente principaux propriétaires de chaque section convoqués à cet effet par le préfet du Nord.

3. Les assemblées des propriétaires se réuniront à la sous-préfecture de Dunkerque, sur la convocation du sous-préfet qui les présidera.

4. Les membres des commissions resteront cinq ans en place; cependant, et pour la première fois, il en sortira un à l'expiration de la seconde et ainsi de suite, et de manière qu'ils soient renouvelés par cinquième chaque année.

Ils pourront toujours être réélus.

5. Les commissaires seront chargés,

1.º De répartir entre les communes de la section et dans la proportion de l'intérêt de chacune d'elles, le montant de la cotisation nécessaire à l'entretien des travaux;

2.º D'examiner, modifier ou approuver les projets des travaux à exécuter chaque année;

3.º De passer les marchés ou adjudications;

4.º De vérifier les comptes des percepteurs;

5.º De donner leur avis sur tous les objets relatifs aux intérêts de leurs sections, et sur lesquels ils auraient été consultés par le Préfet;

6.º De proposer au Préfet une liste double de sujets, sur laquelle il nommera les conducteurs qui seront établis par l'article suivant.

6. Les travaux seront dirigés par des conducteurs spéciaux; un seul pourra être nommé par plusieurs sections si le cas y échet.

7. Les conducteurs seront chargés,

1.° De rédiger pour chaque campagne, les projets de travaux à exécuter et les devis estimatifs;

2.° De diriger les travaux adjugés;

3.° De délivrer des certificats d'à-compte pour le paiement des ouvriers et des entrepreneurs;

4.° D'assister l'ingénieur de l'arrondissement qui sera chargé de la réception des travaux, et ils signeront avec lui les procès-verbaux de réception.

8. Les projets, devis et détails estimatifs dressés par les conducteurs spéciaux, seront communiqués, avant le premier janvier de chaque année, à l'ingénieur de l'arrondissement qui y donnera son avis et transmettra le tout à l'ingénieur en chef du département, pour recevoir son approbation.

9. Il ne sera passé à la mise en adjudication d'aucun des travaux, qu'après que les projets, devis et détails estimatifs auront été approuvés par l'ingénieur en chef, et dans le cas de refus d'approbation, qu'en vertu d'une autorisation spéciale du Préfet.

10. Ne seront pas sujets à ces formalités les travaux d'urgence et qui réquerraient célérité; ils pourront être exécutés de suite et par économie, en vertu d'une délibération spéciale des membres des commissions, et sous leur responsabilité personnelle.

11. Le recouvrement des rôles des sommes imposées sur les propriétaires pour le paiement des travaux, sera fait par un percepteur, pour chaque section, nommé par la commission administrative; laquelle sera responsable de la gestion du percepteur, et pourra, en conséquence, en exiger un cautionnement en immeubles, proportionné au montant des rôles. Il sera alloué aux percepteurs, sur le montant de leur recette, une remise qui sera proposée par les commissaires et déterminée par le Préfet.

12. Au moyen de cette remise les percepteurs seront tenus,

1.º De former les rôles de cotisation, et après que ces rôles auront été rendus exécutoires par le Préfet, d'en lever le montant dans le délai de 6 mois, savoir : un tiers dans les deux mois qui suivront la mise en recouvrement des rôles ; un autre tiers dans les deux mois suivans, et le dernier tiers après l'époque du second paiement.

2.º De payer les entrepreneurs sur les mandats des commissaires, appuyés des certificats d'à-compte délivrés par les préposés et visés par les ingénieurs;

3.º De rendre compte, chaque année, avant l'époque du 1.er juin, des recettes et dépenses qu'ils auront faites pendant l'exercice de l'année précédente.

13. Après que les comptes des perceptions, en recettes et en dépenses, auront été présentés aux commissions, et arrêtés provisoirement par elles, lesdits comptes seront soumis au Préfet du département qui les arrêtera définitivement sur l'avis du sous-préfet de l'arrondissement.

14. Les assemblées des commissaires de deux ou de plusieurs sections, n'auront lieu qu'en vertu de l'autorisation du Préfet, donnée sur la demande de l'une desdites sections, ou quand elles auront été ordonnées d'office par le Préfet.

15. Toutes les contestations relatives au recouvrement des rôles, aux réclamations des individus imposés, et à la confection des travaux, seront portées devant le conseil de préfecture, sauf le recours au Gouvernement qui décidera en conseil d'état, conformément à l'article 4 de la loi du 14 floréal an 11.

16. Notre ministre de l'intérieur est chargé de l'exécution du présent décret.

Le Préfet du département du Nord arrête que le décret ci-dessus sera inséré dans la collection des actes de la Préfecture.

Lille, le 8 septembre 1806.

NOTES

On nomme *Moëres*, la plaine marécageuse dont le sol est plus bas que celui des Watteringues, plus bas même que le niveau de la marée basse; il est impossible, par cette raison, de les dessécher par un écoulement naturel. Les Moëres sont comme le fond du bassin des Watteringues et en recevaient toutes les eaux avant l'exécution des travaux de dessèchement.

Les Moëres, jusqu'au 17.º siècle, restèrent à l'état de marais, et occasionnèrent dans les étés chauds des maladies épidémiques et la peste qui dépeuplèrent plusieurs fois les contrées environnantes. Bergues fut long-tems, par cette raison, un séjour très-malsain, et chaque année une partie de la population périssait de maladie.

Le gouvernement espagnol, maître alors de la Flandre, voulant prévenir ces fléaux et rendre à la culture cette grande étendue de terres, concéda à perpétuité les Moëres, en 1619, à un ingénieur belge, nommé Cœbergher, sous la condition de les dessécher dans un délai fixé.

Cet ingénieur expérimenté et fort habile mit à profit ce qu'on avait exécuté de plus parfait en ce genre dans la Hollande; il entoura les Moëres d'une digue plus élevée que les terres environnantes, et d'un canal extérieur de ceinture; il coupa l'intérieur par de larges fossés destinés à écouler les eaux et par des digues qui servent les unes à séparer le sol en cases, et les autres à ouvrir des routes praticables en toute saison. Il fit aboutir les différens canaux intérieurs aux points les plus bas de l'enceinte où il établit des moulins à vent qui soulèvent les eaux et les portent dans le canal extérieur.

Ces travaux achevés, les machines mirent en peu de tems le terrain à sec; mais l'ingénieur fut arrêté par les réclamations des propriétaires des terres à Watteringues, qui se plaignirent d'être incommodés par les eaux des Moëres.

Cœbergher fit alors à ses frais un canal allant des Moëres à Dunkerque, et une écluse portant son nom au fond de l'arrière-port de cette ville à l'extrémité du canal des Moëres, pour en porter directement les eaux à la mer.

Au moyen de ces travaux, le dessèchement fut général et complet et le terrain cultivé et habité. Déjà en 1632, on comptait 140 fermes et une jolie église, formant ensemble le nouveau village des Moëres.

Mais la guerre, en quelques heures, détruisit les travaux de 27 années de paix; les inondations militaires furent tendues; les digues de ceinture des Moëres furent détruites; les Moëres rentrèrent sous l'eau. L'ingénieur Cœbergher, qui perdit ainsi en quelques jours le fruit de 27 années de travaux et toute sa fortune, mourut de chagrin dans la même année.

Après la reddition de Dunkerque, on détruisit l'écluse de Cœbergher, et les Moëres restèrent submergées.

La concession en fut ensuite successivement donnée par Louis XIV à ses ministres Louvois et Colbert, et par le régent en 1716, au marquis de Canillac et à la marquise des Maisons.

Ces quatre titulaires ayant renoncé à leurs droits, le lieutenant-général d'Hérouville obtint du roi la même concession, et en même tems toutes les faveurs qui pouvaient la rendre profitable.

Le Gouvernement fit exécuter à ses frais l'écluse dite de

la Cunette, où aboutissait le canal des Moëres ; les machines
à vent furent ensuite rétablies et le dessèchement s'opéra
de nouveau sans beaucoup de dépenses de la part du
concessionnaire.

Les suites du traité conclu à Versailles en 1763 détruisirent
de nouveau ces heureux résultats. La France fut condamnée
à combler le port de Dunkerque et à démolir l'écluse de la
Cunette où débouchaient les eaux des Moëres. En vain essaya-
t-on de remplacer cette écluse par des buses, des clapets et
des batardeaux ; la plus grande partie des Moëres ne fut point
desséchée et la partie cultivée fut exposée aux inondations.

Les divers propriétaires qui avaient acquis 5000 mesures de
ces marais du comte d'Hérouville à une époque où le dessèchement était complet, formèrent ensuite une société connue
sous le nom d'association des co-propriétaires des Moëres,
et firent en Hollande un emprunt de 600,000 florins pour
entreprendre les ouvrages nécessaires à l'entier dessèchement
des Moëres. Le peu de succès de leurs efforts et la difficulté de remplir leurs engagemens, les déterminèrent à
céder leurs droits à M. Vandermey, représentant des prêteurs hollandais ; la transaction fut approuvée par le ministre, et en 1779 la concession fut donnée par M. Necker,
au nom du Roi, à M. Vandermey et compagnie, aux
conditions suivantes :

1.º De dessécher la totalité des Moëres dans un délai de
6 ans ; 2.º de les mettre en culture ; 3.º d'acquitter 600,000
florins de Hollande hypothéqués sur les Moëres ; 4.º de
payer 2 millions d'indemnité pour les travaux faits précédemment, et 5.º de rendre après 20 ans, c'est-à-dire en
1800, tous les terrains qui n'appartenaient pas au Roi.

Cette compagnie fit curer les anciens canaux, en ouvrit
de nouveaux, et établit 12 machines à vent pour élever
les eaux, et les rejeter dans le canal extérieur de ceinture.

Ces eaux n'ayant point d'écoulement direct à la mer, débordaient sur les terres riveraines des Watteringues; ce qui donna lieu à des plaintes nombreuses et à une ordonnance du 28 mai 1783 qui fixa la jauge des eaux et le moment où les moulins devaient cesser de tourner. Cette décision empêcha le dessèchement du reste des Moëres, et en réduisit la culture aux deux mille mesures anciennement desséchées.

En 1793, par suite des inondations tendues autour des places de la Flandre française et de la Belgique, les digues des Moëres furent rompues et les parties cultivées furent inondées.

Jusqu'en 1808, on s'est borné à opérer le dessèchement des 2045 mesures mises primitivement à sec. Mais depuis 1808, on a ouvert l'écluse de la Cunette et curé le canal des Moëres; le dessèchement complet est maintenant plus facile. On peut espérer que la totalité de ces marais sera bientôt rendue à l'agriculture, si les propriétaires parviennent à s'entendre et à exécuter les machines et les travaux nécessaires, évalués ainsi qu'il suit :

Cinq moulins à vent à 30,000 fr. l'un..... 150,000 fr.

Ouverture de canaux et fossés 50,000

TOTAL........ 200,000

Quelque complet que soit ce dessèchement on ne peut pas se dissimuler que les Moëres toujours soumises à l'empire des mesures militaires et aux chances de guerres, seront constamment exposées à de grands désastres. En 1813, 1814, en 1815, elles ont encore été menacées de rentrer sous l'eau par suite de l'inondation des places de guerre; les propriétaires des terres riveraines et à Watteringues, rompirent sur plusieurs points les digues des Moëres, afin de rejeter sur ces terres plus basses, les eaux qui perdaient les leurs ; mais le directeur des Moëres parvint, à force de vigilance, à faire réparer les brèches, à conserver les digues et à préserver les Moëres d'une inondation générale.

Depuis quelques années, l'état des Moëres s'améliore sensiblement ; des récoltes superbes de blé, de colza, remplacent les joncs qui croissaient seuls sur ces marais. On est étonné, en parcourant ce pays marqué comme un lac sur toutes les cartes, de trouver de jolies habitations, des fermiers riches et des champs fertiles sur un sol qu'on croit stérile et marécageux, à peu de distance de là. Ces résultats sont dus à l'activité et à l'expérience consommée de M. de Buysser ; ce directeur administre en vertu d'un règlement arrêté par les propriétaires et approuvé par l'autorité. Chaque année le préfet vise les états et projets des travaux et les rôles de recouvrement, qui deviennent ensuite exécutoires. C'est encore au système d'association qu'il faut attribuer le desséchement des Moëres et la prospérité qu'on y remarque. Il serait à souhaiter que le Gouvernement, pour encourager le desséchement de la partie qui est encore sous l'eau, prolongeât de 20 années l'exemption des impôts.

Le directeur des Moëres françaises a sous ses ordres un maître constructeur, un piqueur et des gardes, et chaque année il fait entretenir les anciens fossés et en ouvre de nouveaux.

Les Moëres belges qui font partie du même bassin ont été administrées long-tems et avec beaucoup de sagacité par MM. les frères Herwin qui sont parvenus à mettre dans un très-bon état de culture 2,700 mesures, dont ils ont obtenu la jouissance pendant un certain nombre d'années, à la condition d'en opérer l'entier desséchement.

M. Vandermey n'ayant eu la concession des Moëres que pour un tems déterminé, et à des conditions qui n'ont pas été remplies, les créanciers du général d'Hérouville sont rentrés dans leurs droits, ainsi que tous les propriétaires des parties qui avaient été vendues par ce général, ou précédemment par l'ingénieur Cœbergher; mais il résulte de ce grand nombre de cessions et de rétrocessions, des différentes ordonnances, traités et contrats, un tel conflit d'intérêts, qu'il sera difficile de régler les droits de chacun et d'arriver à une association homogène, intelligente et riche, qui puisse fournir de nouvelles avances et compléter cette belle et grande entreprise.

Les Moëres intéressent les ingénieurs, non-seulement par les canaux qu'on y a ouverts, mais plus particulièrement par les machines employées au dessèchement et qui servent à élever les eaux à 8 pieds au-dessus du sol. C'est par ce dernier motif que nous nous sommes déterminés à donner quelques détails sur ces marais. On pourrait dans beaucoup de départemens faire usage de ce moyen ingénieux et économique, d'élever les eaux soit pour dessécher, soit pour arroser ou pour alimenter les canaux de navigation.

Moulins employés au dessèchement des Moëres.

Ces moulins sont de deux espèces : les uns à palettes, les autres à vis. Le vent en est le moteur.

Dans les moulins à palettes, une roue à palettes, qui remplit exactement un coursier incliné, prend les eaux dans le biez inférieur et les fait passer dans le biez supérieur; une porte en bois que le courant tient ouverte, se referme par la pression de l'eau lorsque le moulin cesse d'aller. Chaque moulin à palettes élève l'eau de quatre pieds environ. On les emploie par couple, et on les place près l'un de l'autre. Les deux moulins à palettes élèvent ensemble les eaux de huit pieds.

Il est essentiel de remarquer que les tourillons de la roue à palettes sont en bois et ont un pied de diamètre; ces proportions, qui semblent contraires à l'expérience et à la théorie, sont ici justifiées; il faut que les palettes joignent exactement le coursier; si le tourillon n'avait que quelques pouces, le moindre changement de forme ferait toucher les palettes et les briserait; ou bien il faudrait laisser un certain jeu entre les palettes et le coursier, ce qui diminuerait de beaucoup le volume élevé.

Un moulin à vis, construit de la même manière que celui à palettes dans le haut, agit dans le bas sur une roue dentée placée sur l'axe d'une vis d'Archimède et lui imprime un mouvement de rotation. La vis a douze à quinze pieds de long, un diamètre de quatre à cinq pieds et une inclinaison de soixante degrés; l'axe et les écluses de la vis sont mobiles; l'enveloppe demi-cylindrique en est fixe. Cette disposition ingénieuse, à laquelle il faut attribuer le mérite de la machine, diminue le poids et la résistance, augmente les produits et rend les réparations faciles.

Un moulin à vis élève à-peu-près le même volume d'eau et à la même hauteur que deux moulins à palettes. On place le premier isolément, parce que la vis soulève les eaux d'un seul jet du canal inférieur au canal extérieur; il remplace deux moulins à palettes : ceux-ci doivent toujours marcher ensemble et ont l'inconvénient de chômer lorsque l'un des deux est en réparation.

On a constaté, par plusieurs expériences, que lorsque la vitesse des ailes d'une couple de moulins à palettes est de dix-neuf tours par minute, le cube d'eau soulevé à une hauteur réduite de huit pieds a été de 36 m. 84 par minute : un moulin à vis avec la même vitesse de dix-neuf tours par minute porte, à la même hauteur de 2 m. 34 m. 22 cubes par minute; ainsi le produit du moulin à vis est à celui d'une couple de moulins à palettes comme o, 928 est à 1.

On doit observer que les canaux des Moëres qui aboutissent aux coursiers des moulins sont très-étroits; que le niveau inférieur, après quelques tours de roue, baisse rapidement, et celui supérieur croît très-vite; que la hauteur à élever augmente et que le volume élevé diminue. Il serait avantageux de donner plus de largeur aux canaux et d'établir à l'amont et à l'aval des moulins des réservoirs où le niveau de l'eau serait plus uniforme; l'effet des moulins serait plus régulier et beaucoup plus grand.

Comme l'eau élevée à huit pieds en une heure par un seul moulin à vis et par un vent ordinaire, est de 2053^m cubes par heure ou de 49,272 ^{m} cubes par jour, et comme ce volume serait considérablement augmenté en donnant des dimensions plus grandes aux canaux correspondans, on peut assurer qu'à l'aide de moulins semblables, on pourrait dessécher les principaux marais de la France, arroser beaucoup de campagnes, et alimenter la plupart des canaux qui chôment pendant les mois de l'année les plus favorables à la navigation.

NOTES

L'ÉTAT du port de Dunkerque rappelle à la fois les époques les plus malheureuses des règnes de Louis XIV et de Louis XV, et la grande influence des destinées de cette ville sur celles du royaume. La France fut obligée en 1713 et en 1763, par les traités d'Utrecht et de Versailles, d'en combler le bassin et le port, et d'en démolir les écluses et les fortifications. Les ouvrages de Dunkerque furent détruits, ses commerçans plusieurs fois ruinés, mais la France fut sauvée. Ainsi les désastres de Dunkerque, l'acharnement et l'importance que mirent nos ennemis à sa perte, et les services signalés rendus par ses marins et ses négocians, sont autant de motifs qui doivent intéresser Sa Majesté au sort de cette ville, et la déterminer à lui rendre son ancienne splendeur.

Dunkerque a surtout mérité toute la protection du Gouvernement par ses efforts généreux et son courage héroïque. Pendant quatre-vingts ans, de 1712 à 1792, à mesure que les Anglais obtenaient la destruction d'un ouvrage, les habitans le remplaçaient à leurs frais par un autre; ils creusèrent le canal et le chenal de Mardick, rétablirent plusieurs fois les jetées, et continuèrent, par intervalle, leur commerce; ayant sans cesse à lutter pendant la guerre contre les flottes ennemies, et pendant la paix contre les ordres plus funestes de leurs commissaires.

La guerre de l'indépendance de l'Amérique délivra Dunkerque de l'oppression anglaise; cette ville sut recouvrer

13

en peu d'années son ancienne splendeur, fruit de la liberté du commerce.

Mais en 1792 la franchise fut abolie; des obstacles sans nombre apportés successivement au commerce, éloignèrent les négocians français et étrangers. Depuis cette époque, le système commercial et le défaut d'entretien des travaux furent plus funestes à ce port que les conditions imposées par nos ennemis.

Maintenant, Dunkerque fait encore, pour sortir de ses ruines, un sacrifice dont nos annales offrent peu d'exemples. Cette ville, de 18,000 habitans, où la moitié des maisons est à louer, offre de donner (et non de prêter) une somme de six cent mille francs, pour être employée aux travaux d'amélioration du port.

La prospérité si extraordinaire du commerce de Dunkerque et de la Flandre française ne fut point due au hazard, mais à la position, à la bonté et surtout à la franchise de ce port. La liberté du commerce a produit les mêmes prodiges dans cette ville que dans celles anciennes et nouvelles (1)

(1) Nos voisins nous fournissent un exemple de la puissance de la liberté sur le commerce : les impôts en Angleterre sont nombreux, excessifs, et perçus avec rigueur; les matières premières y sont plus rares, et les mains-d'œuvre plus chères qu'en France; mais chaque ville maritime possède un port franc où les employés de l'Etat ne pénètrent point, où les navires entrent et d'où ils sortent sans être soumis à aucun contrôle.

L'Angleterre, par cette législation, est parvenue à s'emparer du commerce du monde, à soutenir une guerre de 25 ans, et à payer l'intérêt d'une dette de 25 milliards.

La petite ville de Lubeck, et celles d'Amsterdam et d'Anvers, doivent à une semblable protection accordée au commerce l'avantage de faire, avec les Etats-Unis, un commerce plus considérable que celui des ports de France avec ceux de l'Atlantique.

Lorsque le port de Dunkerque obtiendra les mêmes avantages, les

qui en ont joui. Pendant la durée de la franchise, on a vu la population croître; la ville s'agrandir; l'aisance se répandre dans toutes les classes; de simples négocians couvraient les mers de leurs navires marchands ou de leurs corsaires (2), et savaient tout ensemble étendre, illustrer et protéger le commerce de la France.

Tel a été et tel sera Dunkerque aussitôt que le Gouvernement lui rendra la franchise qui lui a été solennellement promise, et qu'il fera justice des prétentions aveugles de quelques villes rivales. Le Havre et Bordeaux ne s'enrichissent nullement de la perte de Dunkerque; c'est en Hollande et en Belgique où se refugie le commerce de l'Amérique repoussé par les entraves de notre système financier.

Dunkerque est le port de France le plus favorablement situé et celui qu'on peut le plus facilement améliorer : cinq canaux intérieurs y débouchent et y portent les productions de la contrée d'Europe la plus riche par son sol et ses manufactures; la rade en est sûre et les vaisseaux ennemis ne peuvent y établir de croisière pendant la guerre. Ainsi Dunkerque possède des avantages naturels qu'on a vainement essayé de procurer avec de grandes dépenses à plusieurs autres ports de l'Océan.

Quelque nécessaires que soient les travaux projetés à Dunkerque, la liberté du commerce est aussi indispensable à la prospérité de cette ville et à celle du département, car il serait moins important de recréer un port presque comblé,

_____

manufactures variées et nombreuses du département du Nord, plus favorisées par le sol que celles de l'Angleterre, n'auront plus à redouter la concurrence.

(2) Pendant la guerre de l'indépendance de l'Amérique, de 1778 à 1782, les corsaires de Dunkerque firent 1,250 prises estimées avec les rançons. . . . . 35,000,000 fr.

si un système fiscal devait fermer aux navires l'entrée que l'art serait parvenu à leur ouvrir.

Travaux d'art.

Les avis sur quelques-uns des projets de Dunkerque ont été partagés, ainsi qu'il arrive dans la discussion des questions difficiles qu'on ne peut soumettre au calcul et qui sont susceptibles de beaucoup de solutions. Des ingénieurs très-recommandables par leur caractère et leurs talens ont émis des opinions opposées.

Nous croyons, par cette raison, pouvoir défendre les projets avec la même liberté que la franchise du port. Notre conviction sur ces deux points est la même ; et l'importance des résultats impose le devoir de l'examen.

Les travaux se divisent en travaux de réparation et travaux neufs.

Les projets de réparation et d'entretien n'ont donné lieu à aucune objection importante ; M. le directeur général a reconnu la nécessité de refaire l'écluse de l'arrière-port, le pont de la citadelle, les parties de quai qui tombent en ruine, etc.

Les projets neufs, difficiles à déterminer et à exécuter, se réduisent aux trois suivans :

1.º Le rehaussement des jetées ;

2.º Le prolongement des jetées ;

5.º La construction d'une écluse de chasse et d'un bassin de retenue.

Nous les examinerons séparément :

Rehaussement des Jetées.

Les jetées actuelles de Dunkerque fondées sur une vase mobile ont continuellement tassé à leur extrémité et se trouvent dans le plus fâcheux état de dégradation ; à peine s'élèvent-elles de quelques pieds au-dessus du niveau de basse mer.

L'entrée du port est un écueil où chaque année des navires viennent échouer ; la lame que rien n'amortit les prend en flanc, les jette sur la digue où ils touchent, et ensuite sur les sables où ils se perdent. Les mêmes désastres se renouvelleront jusqu'à ce que les jetées aient été relevées à leur premier niveau. Des ingénieurs célèbres comme savans et comme habiles constructeurs, ont constaté dans un rapport les avantages que procurerait l'élévation des jetées de Dunkerque au-dessus du niveau des hautes marées ; cependant ils ont pensé qu'on devait pour le moment se borner à les restaurer en raison de la grande dépense de ce travail, de la nécessité d'en entreprendre de plus urgens, et de la difficulté de se procurer tous les fonds suffisans ; mais maintenant le défaut de capitaux n'est plus un motif qui puisse faire ajourner ces travaux utiles ; trois millions sont assurés ; c'est pourquoi nous avons proposé de relever les extrémités des jetées, d'en rétablir le profil primitif et de les mettre de niveau. Ce rechargement reconnu nécessaire par la commission d'ingénieurs, coupera la lame, amortira les flots, et préviendra les naufrages.

Comme le rehaussement des jetées jugé indispensable par les marins est demandé avec instance par les négocians, nous pensons que ce travail devrait être commencé en mars 1821 et achevé dans l'année.

Prolongement des Jetées.

Lorsque M. de Vauban fit exécuter, sous Louis XIV, les jetées de Dunkerque, il les prolongea jusqu'à la rade, et les éleva au-dessus des plus hautes marées ; il fit en même tems creuser le bassin et le chenal jusqu'à la profondeur de la mer au pied des jetées. Le port de Dunkerque fut dès ce moment, ouvert aux bâtimens de la marine royale, et les frégates y entrèrent armées jusqu'à l'époque de sa destruction par les Anglais.

Il nous a paru que les mêmes moyens employés dans le 19.ᵉ siècle seraient aussi efficaces que dans le 17.ᵉ. Nous avons par cette raison proposé le prolongement des jetées jusqu'au-delà du banc qui ferme le port, c'est-à-dire jusqu'à la rade.

Des ingénieurs fort habiles jugent au contraire que ce prolongement serait dangereux; que les sables entraînés par la mer se déposeraient, augmenteraient le banc, dépasseraient bientôt la tête du chenal et en fermeraient de nouveau l'entrée. Leur opinion est fondée sur des observations faites à différens ports de l'Océan, et particulièrement à Dieppe et au Hâvre, où des bancs de galets, déplacés dans les tempêtes et arrêtés par des jetées, se déposent à l'entrée de ces ports.

Dunkerque et les villes maritimes voisines sont dans une situation différente; la mer du nord ne charie qu'un sable léger et l'estran s'agrandit d'une manière constante, uniforme et indépendante des jetées. Le port de Dunkerque n'est pas fermé, comme ceux de Dieppe et du Hâvre, par des bancs de galets, mais par la plage elle-même qui s'avance constamment et dépasse maintenant de plusieurs cents mètres les têtes des jetées. Les progrès de la plage sont réguliers; d'environ un mètre et demi par année et sont constatés par la comparaison des cartes et des observations faites à diverses époques.

Cet accroissement rapide des attérissemens ne surprend point lorsqu'on se rend compte de l'immense quantité de détritus entraînés continuellement par de grands fleuves dans cette mer peu étendue et peu profonde. Une partie du sol de la Flandre française, de la Belgique et de la Hollande, est une conquête faite sur la mer qui continue à être repoussée par les alluvions. Il faut donc que les villes maritimes de la mer du Nord portent en avant (1) leurs établissemens et leurs jetées, ou qu'elles renoncent à la navigation; car nulle puissance humaine, nul effort de l'art ne sauraient ralentir la marche de la plage et l'éloignement de la mer.

Les mêmes causes qui occasionnent l'accroissement de l'estran près de la côte forment au large les grands bancs de sable qu'on aperçoit à mer basse, et qui sont indiqués dans la carte. Leur accroissement est également rapide, régulier et bien constaté; cependant nulle jetée ou môle n'a pu en déterminer l'origine ni en favoriser les progrès. Un fait aussi important pourrait-il être sans influence sur la décision à prendre ? Ne doit-on pas en conclure que si l'on considère l'état de la côte comme immuable, les travaux projetés dans cette hypothèse ne procureront qu'une amélioration momentanée? Les bancs qui, chaque année, obstruent de plus en plus le port, le fermeraient totalement dans quelques années, si l'on ajournait encore les ouvrages.

Supposons que les jetées de Dunkerque n'existent pas, ou qu'elles soient coupées comme autrefois de distance en distance, la plage en peu de jours comblerait de nouveau le chenal et nulle navigation ne serait possible; c'est donc uniquement par le moyen des jetées qu'elle est établie, et puisque la plage a dépassé les jetées, il faut que les jetées soient portées jusqu'à la rade.

L'histoire de Dunkerque et de Gravelines fournit plusieurs moyens de justifier cette opinion : lorsque M. de Vauban perfectionna ces deux ports, il prolongea les jetées jusqu'au

_____

(1) Il s'est formé à Gravelines à l'extrémité des jetées une nouvelle ville où le commerce se porte. Il en serait de même à Dunkerque si les règlemens permettaient les constructions au-delà de l'enceinte des fortifications.

delà de la plage. Après le départ des commissaires anglais,
les habitans relevèrent les jetées et les portèrent jusqu'à
la rade; ils avaient auparavant prolongé de même les jetées
de Mardick jusqu'à la fosse de ce nom et obtenu une bonne
navigation.

Appuyés d'expériences aussi authentiques faites sur la côte
même de Dunkerque, et de l'opinion unanime des marins
et des négocians de ce port, nous pensons que le prolongement des jetées est indispensable et que ce travail est le plus
urgent, parce les chasses ne parviendront point à ouvrir
la passe depuis l'extrémité des jetées jusqu'à la rade.

Une seule objection a été faite contre le prolongement
des jetées : on a dit que les sables entraînés par les courans
seraient arrêtés, se déposeraient et dépasseraient ensuite
la tête du chenal; nous admettons cette conjecture; du
moins on ne saurait disconvenir que le port de Dunkerque,
rétabli par ce prolongement, deviendra et restera excellent
jusqu'à ce que les dépôts, sur l'immense plage qui s'étend
de Gravelines à Dunkerque, sur huit lieues de côtes, aient
atteint la tête du chenal. Toute la difficulté se réduit donc
à décider quel sera le tems nécessaire à cet accroissement
de la plage; l'expérience, ce guide irrécusable, répond
à cette question : il est prouvé que la marche de la
plage, dans des circonstances parfaitement semblables, a été
d'un mètre et demi par année, ainsi le prolongement de
deux cents mètres assure pendant plus de cent trente ans,
une navigation excellente aux bâtimens du plus fort tonnage,
qui pourront alors entrer et sortir à toute marée.

La ville de Dunkerque peut-elle demander une plus grande
garantie, et s'occuper d'un avenir plus éloigné, lorsque la
guerre, chaque siècle, lui cause de si grands désastres?

En résumé, le prolongement des jetées ne peut donner
lieu, selon nous, à aucun accident grave; il est demandé

comme l'ouvrage le plus essentiel par les autorités, le commerce et la marine de Dunkerque ; la ville a voté 600,000 fr. et le département 600,000 fr. pour l'achèvement des travaux. Peut-être le Gouvernement, voulant seconder un si généreux effort, jugera-t-il nécessaire de prendre en considération les vœux de tant de négocians, qui auront le plus à souffrir si l'exécution des projets les plus utiles est ajournée.

Nouvelle Ecluse de chasse et bassin de retenue.

Avant l'établissement de l'écluse de l'arrière-port à Dunkerque, la mer n'était point arrêtée ; deux fois par jour elle inondait la vaste plaine des Watteringues, et deux fois elle se retirait ; ainsi le port était traversé quatre fois par jour par un immense courant qui ouvrait le chenal et entretenait les passes de la rade. Depuis la construction de cette écluse, les chasses naturelles ont cessé ; les attérissemens ont fermé l'entrée du port, la plage qui s'étend de plus en plus est devenue continue et les passes de la rade se sont rétrécies.

Les mêmes mouvemens avaient lieu à Gravelines ; la marée en submergeait le territoire, remontait à Saint-Omer, où les navires abordaient, et recouvrait deux fois par jour une plaine de plusieurs lieues quarrées. Le chenal de Gravelines était maintenu large et profond, et la crique ouverte aux pieds des dunes de Gravelines à Dunkerque par les chasses naturelles, favorisait la navigation et contribuait à l'amélioration de ces deux ports. Les écluses de Gravelines ont changé ces résultats ; la mer a été contenue ; le chenal est envasé, et ce port, autrefois très-bon, est comme abandonné.

Le port de Dunkerque, formé par de grands courans, ne peut être maintenu que par des courans également puissans. Il faut que l'art remplace par des chasses continues les chasses naturelles que l'art a supprimées pour rendre

14

à l'agriculture 50 lieues quarrées de terrain. En vain essaierait-on d'employer les eaux du pays, le volume en est trop faible, les écluses se trouvent à une trop grande distance de la mer, et ce moyen ne peut être que rarement employé.

Nous avions proposé d'ouvrir à l'ouest du chenal, un vaste bassin, de le faire communiquer avec le canal de Mardick et les autres canaux intérieurs, et de construire une écluse de chasse semblable à la première, simétriquement placée pour agir ensemble, selon l'axe du chenal, direction de la résultante. M. le directeur général a décidé que ce bassin aurait une forme circulaire, et que l'écluse de chasse serait descendue près du fort de Risban. Il ne reste plus à déterminer que la surface du bassin et l'ouverture de l'écluse de chasse.

Grandeur du Bassin.

Le chenal de Dunkerque a 60 mètres de largeur et 5000 mètres de long, mesurés depuis l'écluse de l'arrière-port jusqu'à la tête des jetées. C'est à la fois le plus étendu et le plus large, et par cela même le plus difficile à déblayer par des chasses. La grandeur du bassin devant être en rapport avec les dimensions du chenal, nous avons proposé de donner au rayon du cercle inférieur 335 mètres, et à celui du couronnement des digues 350. Dans les calculs, la surface du bassin a été réduite à une surface de 330,000 m carrés; parce que les attérissemens et les éboulemens des talus faits de sable diminueront bientôt le vide primitif; la différence tiendra d'ailleurs lieu des pentes qu'on ne peut évaluer par l'analyse.

On pourrait, sans beaucoup de dépense, agrandir la retenue, mais il faudrait rapprocher les digues de la mer et les exposer davantage à l'action des tempêtes; il faudrait aussi augmenter dans le même rapport l'écluse de chasse, et les dépenses de ce

travail. On a jugé d'un autre côté qu'en réduisant les dimensions du bassin, on diminuerait l'action des chasses sans obtenir
une grande économie.

Nous croyons devoir faire observer que nous n'avons arrêté
les projets qu'après avoir consulté l'expérience, la théorie et
surtout les ouvrages (1) et les lumières des plus célèbres ingénieurs ; les tableaux suivans pourront servir à faire juger si le
but a été atteint.

*TABLEAU comparatif des retenues et des écluses de chasse
d'Ostende, de Dieppe et de Dunkerque.*

NOMS des ports.	Bassins de retenue.		Débouché des écluses de chasse.		Durée de l'écoulement.	Hauteur initiale des eaux de la retenue.	Distance moyenne des écluses jusqu'à la tête des jetées.	Largeur du chenal au niveau des hautes mers de morte eau.
	superficie.	volume d'eau dépensé par les chasses.	Largeur.	Superficie.				
Ostende...	298,033	691,315	»	60	51	»	2 h. 1/2	4 m. 42	2,000	40
Dieppe....	«	666,350	«	69	57	»	2	4 90	920	36
Dunkerque	330,030	1,155,000	20	80	»	2 1/2	4 (2)	500 (A)	60

(A) Il faut remarquer que quoique la distance réelle de l'écluse à
l'extrémité du chenal de Dunkerque et à l'extrémité des jetées soit de
500 mètres, cependant la longueur totale du chenal étant de 5000, les
chasses auront moins d'action, parce que les eaux reflueront vers le port.

(1) M. Sganzin, inspecteur général des ponts et chaussées, dit dans son
cours de construction, ouvrage qui fait loi : « On a observé que 443,000
» mètres cubes d'eau se vidaient en deux heures par un débouché de 12
» mètres de largeur sur une hauteur initiale d'environ 14 à 15 pieds, et
» que ce courant entretient un chenal de 27 mètres de largeur sur une hauteur
» suffisante pour entraîner les alluvions. » Le bassin et l'écluse de Dunkerque
ont été projetés dans des dimensions proportionnelles.

(2) Nous ne supposons à Dunkerque que 4 mètres de hauteur initiale,
quoiqu'elle puisse être de 5 mètres 20 ; parce qu'il nous a paru nécessaire
de commencer les chasses une demi-heure avant l'étale ; nous en dirons
plus loin les motifs.

Ecluse de Chasse.

La grandeur du bassin de retenue étant fixée, ainsi que la durée de la chasse, le minimum du débouché de l'écluse est pour ainsi dire forcé; il doit être tel que le bassin puisse se remplir à marée montante et se vider en deux heures et demie à marée basse.

On se rend compte facilement que si le bassin se vide en deux heures et demie à marée basse, il se remplira chaque marée en raison de la durée de l'étale de haute mer dont le niveau ne varie pendant 2 heures que d'environ $0^m,30$. On peut donc supposer que le niveau du bassin sera deux fois par jour à 0,30 en contrebas de l'étale de haute mer et considérer l'ouverture seulement sous le point de vue de l'écoulement du bassin à marée basse. Nous avons cherché à établir par le calcul le minimum du débouché de l'écluse de chasse.

La surface du bassin a été réduite, ainsi qu'on l'a vu, à 330,000 ^{m} carrés, en retranchant de la surface première les éboulemens et attérissemens probables qui auront lieu pendant les premières années.

La hauteur moyenne des hautes mers de vive eau, observée pendant plusieurs années à l'échelle de la cunette, dont le zéro est au niveau de basse mer de vive eau, a été trouvée de 5^m 50, déduction faite des marées extraordinaires; elle est de 5 20 en prenant une réduite pendant cinq jours dans une sigigie. Il faut des 5, 20 retrancher, 1.° 0, 30, différence entre le niveau du bassin et celui de la marée haute; 2.° 0, 70, élévation du buse de l'écluse de chasse au-dessus du zéro de la cunette; 3.° 0, 70, élévation moyenne du cercle du bassin au-dessus du buse de l'écluse de chasse; il restera donc une tranche, de 5 mètres 50 de hauteur, qui entrera et sortira à chaque marée; le volume d'eau sera le produit de 330,000 mètres carrés par 3, 50, ou........ 1,155,000 m. c.

En substituant dans les formules qui donnent le tems de l'écoulement en fonctions de l'étendue du bassin A, de la hauteur initiale H, des hauteurs successives Z, des valeurs variables pour L représentant le débouché, nous avons trouvé que cinq pertuis chacun de 4^m de largeur satisfaisaient à toutes les conditions.

En faisant successivement $Z = 4^m$, $Z = 3$ 5o, $Z = 3$, $Z = 2$ 5o, etc., on trouve le tems nécessaire pour que le bassin s'abaisse successivement de o 5o, de 1^m, de 1 5o, etc.

La superficie du bassin A = 550,000 ^{m} multipliée par la quantité de l'abaissement depuis le niveau primitif, donnera le volume d'eau écoulé depuis l'ouverture des cinq pertuis, qu'on suppose instantanée.

Le tableau suivant fait connaître les circonstances de l'écoulement.

Valeur de z, ou hauteurs d'eau restant dans le bassin.	4 5o - z on abaissement des cinq pertuis.	Tems depuis l'ouverture des cinq pertuis.	Durée de chaque abaissement de o 5o.	Volume d'eau écoulé depuis l'ouverture des cinq pertuis.	Dépense moyenne pendant chaque abaissement de o 5o.		Vitesse à chacune des hauteurs z de la première colonne.
					par minute.	par seconde.	
		h. m. sec.					
4 5o	» »	» » »	» » »	»	»	»	9 4o
4 »	o 5o	» 8 4	» 8 4	165,000	19,643	327	8 84
3 5o	1 »	» 19 4	» 11 »	330,000	15,000	250	8 29
3 »	1 5o	» 31 6	» 12 2	495,000	13,524	225	7 67
2 5o	2 »	» 47 4	» 15 8	660,000	10,443	174	7 »
2 »	2 5o	1 9 7	» 22 3	825,000	7,444	124	6 26
1 5o	3 »	1 42 6	» 42 9	990,000	3,845	64	5 42
1 »	4 »	2 35 4	1 53 8	1,155,000	1,469	25	4 43
o 5o	4 5o	5 8 9	2 33 5	1,320,000	1,085	18	3 13

On voit, par ces résultats, qu'au moyen de cinq passages de 4^m de largeur chacun, ouverts en même tems, la dépense est de 1,155,000 mètres cubes pendant 2 heures et demie, (durée (1) qu'on peut donner aux chasses) et qu'il ne reste plus dans le bassin après ce tems qu'une hauteur de 0,70. On fait abstraction du volume restant, parce que l'écoulement ne produirait qu'une faible action, la vitesse étant réduite à 3 m, 13 par seconde et la dépense à 18 mètres au lieu de 537 mètres aussi par seconde.

Chaque pertuis aura 4 mètres de largeur, déduction faite de l'épaisseur du poteau tourillon, et 4 mètres 40 y compris cette épaisseur. Le débouché de 4 mètres sera divisé par le poteau en deux parties inégales, l'une de 2 mètres 50 et l'autre de 1 mètre 50.

Le nombre et les dimensions des pertuis étant fixés, il reste encore à examiner deux questions d'une grande importance : 1.º l'ouverture des pertuis doit-elle être simultanée ou successive ? 2.º si elle est successive, faut-il chercher à obtenir l'uniformité de dépense, ou l'uniformité d'actions ?

On sait par une longue expérience, que rarement les ouvrages résistent à l'effet des chasses employées dans toute leur intensité ; les courans violens affouillent les murs qui s'affaissent et tombent. La plupart des écluses de chasse ont éprouvé de grandes avaries ; celle de Gravelines, l'une des plus célèbres, construite en pierres de taille, ne présente que des ruines ; cependant à peine en a-t-on fait usage. On a reconnu

(1) Un tableau mis à la suite de ces notes donne la marche des marées comparée avec celle du tems. Le niveau de l'échelle est le buse de l'écluse de la cunette, ou le niveau de la marée basse de vive eau ; on n'a pu comprendre la marée de vive eau parce qu'elle tombait pendant la nuit. Les observations souvent répétées s'accordent avec celles-ci ; on voit que l'étale dure environ deux heures.

de même, à Cherbourg et à Dunkerque, que pour conserver les ouvrages, il faut, après quelques chasses, remplacer les enrochemens entraînés et remblayer les affouillemens produits.

Les premiers effets d'une chûte d'eau, tombant avec violence d'une grande hauteur, semblent n'agir qu'à de courtes distances et verticalement; le courant frappe les premiers obstacles qu'il rencontre et perd bientôt une partie de sa vitesse. On est ainsi conduit par l'observation à préférer une action plus faible et horisontale à une plus forte mais inclinée : la première se conserve long-tems ; tandis que l'autre se décompose dès l'origine et se réduit proportionnellement à la chûte.

La difficulté de préserver les travaux de l'action du courant dans les écluses de chasse a fait penser que peut-être une chasse naturelle serait plus avantageuse ; dans ce cas les pertuis resteraient constamment ouverts et n'auraient pas même de portes. Chaque jour le bassin se remplirait et se viderait deux fois; le chenal serait traversé, pendant le flux et reflux et 4 fois par jour, par un courant presque continu, capable d'entretenir le chenal s'il était approfondi ; mais trop faible, à nôtre avis, pour couper la plage et enlever le banc qui ferme le port; il faut dans les premiers tems agir par intervalle avec une puissance plus énergique, celle des chasses artificielles; sauf à se borner de tems en tems à l'autre moyen lorsque la passe sera large et profonde. On obtiendra tout à la fois, par cette alternative d'actions puissantes et moyennes, l'ouverture de la passe et la conservation des ouvrages.

Il existe d'ailleurs un terme moyen entre une chasse naturelle et faible, et une chasse puissante et destructive : on peut lâcher successivement les portes des pertuis et surtout commencer la chasse avant l'étale de basse mer. Cette dernière précaution nous paraît avantageuse et même indis-

pensable. Eu ouvrant le premier pertuis, lorsque le niveau
de la mer est à 2 mètres, le courant, dont la vitesse sera
de 7 mètres, agira contre les eaux du chenal, arrêtera
l'écoulement de celles du port et des canaux, et ne conservera pas assez de force pour produire de grands affouillemens et endommager les ouvrages en maçonnerie aux
abords. Le niveau des eaux du chenal et du port sera
maintenu à cette hauteur jusqu'à ce que la retenue ait
baissé de 2 mètres 50, alors toutes les eaux de la retenue
du port et des canaux s'écouleront pendant l'étale avec une
vitesse de 6 mètres 26 et une force horisontale directe capable des plus grands et des plus heureux effets.

Il semble donc exister entre les courans qui détruisent,
et ceux qui n'agissent que faiblement, une puissance moyenne,
uniforme et continue qu'on pourrait appeler la plus convenable ; mais cette uniformité doit-elle être évaluée par le
volume d'eau dépensé, ou par le choc, en tenant compte de
la vitesse ? C'est la dernière question à examiner.

Plus la vitesse est rapide, plus le choc est violent, et plus
il y a de force immédiatement perdue; ainsi l'action de deux
courans de vitesse et de volume différens, et d'une même
puissance initiale, sera d'une grande inégalité à quelque distance des pertuis, le courant le moins rapide et le plus
volumineux conservera plus de quantité de mouvement et
agira plus fortement. C'est donc plutôt dans l'uniformité du
volume d'eau dépensé que semble consister la perfection
des chasses.

Nous chercherons à déterminer par le calcul, à quelle
époque on doit ouvrir les différentes vannes afin d'approcher
de ce résultat.

Le bassin ayant 330,000 mètres de superficie, le volume
d'eau du bassin dépensé, après l'abaissement de 5 50, sera
de 1,155,000 qui, divisés par 150 minutes ou 2 heures 1/2,

durée de la chasse, donne par minute 7700 mètres, ou 128 mètres 33 par seconde.

En substituant dans la formule $M L Z^{\frac{3}{2}}$, qui donne la dépense d'un pertuis entièrement ouvert, les valeurs correspondantes de M, L, Z, ou M = 1, 87, L = 4^m, et Z = 4^m, 50, on trouve qu'au premier instant de la chasse, un pertuis d'une largeur de 4 mètres, dépense 71^m, 35 par seconde, deux pertuis 142^m, 70, c'est-à-dire un peu plus que la moyenne; mais comme l'écoulement diminue de plus en plus, on doit dès l'origine ouvrir deux pertuis.

Le tableau suivant indique la marche de l'écoulement, lorsqu'on ouvre successivement les pertuis.

Pertuis de 4 mètres.	Ouverts pendant		Le Bassin baissera pendant ce tems de		Abaissement moyen par minute.		Dépense par minute.
	h.	m.	m.		m.		m. c.
2	»	15	0	347	0	023	7590
3	1	»	1	78	0	029	9570
4	»	10	0	22	0	022	7260
5	1	5	0	943	0	015	4950
Totaux....	2	30	3	29			

L'époque de l'ouverture du 4.ᵉ pertuis a été avancée, afin de dépenser une plus grande quantité d'eau, et presque 3 mètres 50 de hauteur; après 2 heures 1/2 le bassin a baissé de 3 mètres 29, qui retranchés de 3, 50, reste 0^m, 21.

Si la chasse commençait lorsque la marée descendante est à 2 mètres de l'échelle, la vitesse initiale serait de 7 mètres au lieu de 9 mètres 40; dans ce cas il faudrait ouvrir le troisième pertuis une demi-heure après les deux premiers, et le quatrième un quart d'heure après celui-ci. L'uniformité de dépense de 128 mètres par seconde. qui a été reconnue la plus favorable, correspond à une hauteur de 2 mètres, ou à une vitesse de 6 mètres 26; mais cette hauteur est précisément celle des eaux dans le chenal lorsque nous proposons de commencer la chasse; l'écoulement de ces eaux produira donc aussi, et pendant long-tems, au moyen des réservoirs intérieurs, cette force moyenne et horisontale qui agira dans la direction même du chenal, et avec le plus d'avantages.

Si l'on exigeait plutôt une uniformité d'actions que de dépenses, il faudrait d'abord ouvrir un pertuis, 10 minutes après le second; 30 minutes après le troisième; 30 minutes après le quatrième et 20 minutes après le cinquième (1).

La théorie ne peut donner que le volume dépensé et la puissance de l'eau en sortant de l'écluse. Mais à peu de distance des buses, et long-tems avant d'arriver à la tête des jetées, la grande vitesse est perdue; l'eau n'agit plus qu'en raison de son volume et de la vitesse qu'elle a conservée. Ainsi, il paraît préférable de verser un plus grand volume d'eau avec une vitesse initiale plus faible.

_____

(1) L'action et le volume d'eau dépensé ne peuvent être rigoureusement uniformes pendant la durée de la chasse; car au moment où l'on ouvre le second pertuis, on double la dépense d'eau et l'action. Les effets diminuent ensuite jusqu'à l'ouverture du troisième pertuis, alors ils sont augmentés de moitié en sus de leur valeur un moment avant cette ouverture. Il en est de même un instant avant et un instant après l'ouverture du quatrième pertuis. Après l'ouverture du cinquième pertuis l'action et la dépense vont en décroissant. La théorie ne peut servir qu'à indiquer les moyens d'approcher de l'uniformité et à rendre compte des circonstances principales de l'écoulement. On parviendra facilement à déterminer par l'expérience, beaucoup mieux que par des calculs, à quelle époque on doit commencer les chasses, et quelle doit être leur durée à chaque marée.

Nous pensons, d'après les résultats de l'expérience, confirmés par la théorie, que le bassin de 330,000 mètres carrés de superficie, est assez vaste; que cinq pertuis chacun de 4 mètres de largeur, dépenseront les eaux de la retenue pendant deux heures et demie; et qu'on peut, au moyen de ces dimensions, obtenir un écoulement à-peu-près uniforme et une action assez puissante.

Le nombre de cinq pertuis, chacun de quatre mètres de largeur, doit être considéré comme un minimum; il serait, sans contredit, préférable d'en établir sept; les chasses seraient plus régulières et les murs de revêtement moins exposés au courant. La crainte d'augmenter la dépense nous a déterminé à proposer cinq pertuis; mais nous avons la conviction que le succès serait plus certain encore et plus prompt avec sept pertuis, et que les ouvrages environnans auraient moins à souffrir de l'action du courant.

Les essais faits à Dunkerque avec la retenue actuelle donnent l'assurance que le chenal sera ouvert, après l'exécution des travaux, sur une grande largeur et profondeur, et jusqu'à la tête des jetées; que la barre qui ferme le chenal sera coupée, et maintenue toujours ouverte.

Un seul doute resterait à éclaircir : les chasses puissantes agiront-elles au-delà des jetées? creuseront-elles une passe fixe dans la plage qui s'étend de la tête des jetées à la rade? Nous ne le pensons pas, ainsi que nous l'avons remarqué; il nous semble au contraire que les courans des chasses se diviseront après avoir dépassé les jetées; qu'ils déposeront sur cette plage les sables entraînés; qu'à chaque tempête la passe sera fermée ou déplacée, et que les bâtimens, en entrant ou en sortant du port, seront encore exposés aux plus grands dangers. Le prolongement et le rehaussement des jetées nous paraissent être le travail le plus nécessaire et le plus urgent, et le complément du projet général. Si on exécute les ouvrages projetés, le port de Dunkerque sera excellent; les chasses resserrées conserveront leur force et leur direction; les sables ne rentreront plus dans le port et les marins n'auront plus à redouter les jetées basses, écueils terribles où chaque année des navires périssent.

Nous osons garantir qu'après l'achèvement des ouvrages projetés, ou dans deux années, les frégates armées et les navires marchands du plus fort tonnage entreront dans le port de Dunkerque à toute marée; et tout donne lieu de penser que les travaux seront bientôt entrepris; les projets sont en grande partie arrêtés; les fonds sont assurés; une foule d'ouvriers sans travail demandent à être employés, et M. le Directeur général des ponts et chaussées attache une grande importance à rendre à la France ce port célèbre, maintenant presque en ruine.

Le 11 novembre. Vent sud-ouest.		Le 13 novembre. Vent sud-ouest.		Le 14 novembre. Vent sud-ouest.		Le 15 novembre. Vent du sud.		Le 16 novembre. Vent sud-ouest.		Le 17 novembre. Vent du sud.		Le 18 novembre. Vent de l'est.	
Heures.	Hauteurs métriques	Heures.	Hauteurs métriques	Heures.	Hauteurs métriques	Heures.	Hauteurs métriques	Heures.	Hauteurs métriques	Heures.	Hauteurs métriques	Heures.	Hauteurs métriques
7 1/2	0 541	7 1/2	1 190	7 1/2	1 353	7 1/2	1 732	7 1/2	2 382	7 1/2	3 193	7 1/2	3 437
7 3/4	0 541	7 3/4	0 893	7 3/4	1 191	7 3/4	1 570	7 3/4	2 111	7 3/4	3 977	7 3/4	3 383
8 »	0 541	8 »	0 703	8 »	0 893	8 »	1 407	8 »	1 976	8 »	2 887	8 »	3 302
8 1/4	0 541	8 1/4	0 703	8 1/4	0 703	8 1/4	1 245	8 1/4	1 759	8 1/4	2 725	8 1/4	3 193
8 1/2	0 541	8 1/2	0 703	8 1/2	0 703	8 1/2	1 109	8 1/2	1 624	8 1/2	2 355	8 1/2	3 031
8 3/4	0 541	8 3/4	0 703	8 3/4	0 703	8 3/4	1 029	8 3/4	1 461	8 3/4	2 192	8 3/4	2 833
9 »	0 541	9 »	0 703	9 »	0 703	9 »	0 947	9 »	1 326	9 »	2 003	9 »	2 753
9 1/4	0 541	9 1/4	0 703	9 1/4	0 703	9 1/4	0 866	9 1/4	1 164	9 1/4	1 840	9 »	2 699
9 1/2	0 541	9 1/2	0 703	9 1/2	0 703	9 1/2	0 784	9 1/2	1 110	9 1/2	1 678	9 1/4	2 355
9 3/4	0 704	9 3/4	0 703	9 3/4	0 703	9 3/4	0 704	9 3/4	1 002	9 3/4	1 515	9 3/4	2 165
10 »	1 028	10 »	0 703	10 »	0 703	10 »	0 622	10 »	0 920	10 »	1 353	10 »	2 003
10 1/4	1 380	10 1/4	1 157	10 1/4	0 703	10 1/4	0 622	10 1/4	0 812	10 1/4	1 272	10 1/4	1 894
10 1/2	1 840	10 1/2	1 488	10 1/2	0 785	10 1/2	0 622	10 1/2	0 758	10 1/2	1 187	10 1/2	1 732
10 3/4	2 274	10 3/4	1 976	10 3/4	0 893	10 3/4	0 622	10 3/4	0 707	10 3/4	1 083	10 3/4	1 651
11 »	2 698	11 »	2 301	11 »	1 001	11 »	0 704	11 »	0 704	11 »	1 029	11 »	1 488
11 1/4	2 924	11 1/4	2 951	11 1/4	1 344	11 1/4	0 893	11 1/4	0 704	11 1/4	0 975	11 1/4	1 380
11 1/2	3 248	11 1/2	3 276	11 1/2	1 651	11 1/2	0 974	11 1/2	0 704	11 1/2	0 920	11 1/2	1 272
11 3/4	3 600	11 3/4	3 600	11 3/4	1 840	11 3/4	1 137	11 3/4	0 707	11 3/4	0 855	11 3/4	1 163
12 »	3 925	12 »	3 925	12 »	2 382	12 »	1 651	12 »	0 758	12 »	0 838	12 »	1 083
12 1/4	4 250	12 1/4	4 250	12 1/4	2 837	12 1/4	1 976	12 1/4	0 893	12 1/4	0 838	12 »	1 022
12 1/2	4 518	12 1/2	4 548	12 1/2	3 086	12 1/2	1 976	12 1/2	1 083	12 1/2	0 920	12 1/4	0 975
12 3/4	4 845	12 3/4	4 873	12 3/4	3 546	12 3/4	2 300	12 3/4	1 353	12 3/4	1 029	12 1/2	0 949
1 »	5 170	1 »	5 197	1 »	4 196	1 »	2 752	1 »	1 651	1 »	1 191	1 »	0 949
1 1/4	5 170	1 1/4	5 305	1 1/4	4 466	1 1/4	2 914	1 1/4	1 976	1 1/4	1 353	1 1/4	1 022
1 1/2	5 170	1 1/2	5 251	1 1/2	4 764	1 1/2	2 977	1 1/2	2 300	1 1/2	1 570	1 1/2	1 083
1 3/4	5 170	1 3/4	5 224	1 3/4	4 764	1 3/4	3 356	1 3/4	2 726	1 3/4	1 921	1 3/4	1 163
2 »	5 035	2 »	5 224	2 »	5 034	2 »	4 006	2 »	2 951	2 »	2 165	2 »	1 245
2 1/4	4 927	2 1/4	5 224	2 1/4	5 034	2 1/4	4 385	2 1/4	3 329	2 1/4	2 328	2 1/4	1 407
2 1/2	4 845	2 1/2	5 224	2 1/2	5 088	2 1/2	4 764	2 1/2	3 654	2 1/2	2 543	2 1/2	1 548
2 3/4	4 602	2 3/4	5 116	2 3/4	5 034	2 3/4	4 818	2 3/4	3 925	2 3/4	2 968	2 3/4	1 894
3 »	4 456	3 »	5 035	3 »	5 034	3 »	4 845	3 »	4 060	3 »	3 191	3 »	1 895
3 1/4	4 114	3 1/4	4 845	3 1/4	4 980	3 1/4	4 845	3 1/4	4 168	3 1/4	3 546	3 1/4	2 192
3 1/2	3 843	3 1/2	4 277	3 1/2	4 926	3 1/2	4 845	3 1/2	4 225	3 1/2	3 708	3 1/2	2 518
3 3/4	3 627	3 3/4	4 114	3 3/4	4 764	3 3/4	4 845	3 3/4	4 277	3 3/4	3 789	3 3/4	2 806
4 »	3 573	4 »	3 843	4 »	4 331	4 »	4 764	4 »	4 277	4 »	3 952	4 »	2 591
4 1/4	3 248	4 1/4	3 627	4 1/4	3 950	4 1/4	4 548	4 1/4	4 277	4 1/4	4 033	4 1/4	3 194
4 1/2	2 924	4 1/2	3 356	4 1/2	3 654	4 1/2	4 358	4 1/2	4 277	4 1/2	4 033	4 1/2	3 302

La hauteur moyenne des hautes mers, prise pendant cinq jours dans une syzygie, est de 3 ^{m}, 20 à l'écluse de la cunette..

La hauteur moyenne des hautes mers de vive eau, observée pendant plusieurs années à la même écluse, mais en prenant seulement le jour de la plus haute mer, déduction faite des marées extraordinaires a été trouvée de 5 ^{m}, 50 ; ce qui s'accorde avec la hauteur de 5 ^{m}, 20, en prenant les cinq jours les plus élevés d'une même syzygie au lieu d'un seul jour maximum.

La basse mer de vive eau ordinaire n'a pu être observée dans le tableau ci-joint, parce qu'elle tombait pendant la nuit ; mais d'après des observations antérieures, elle peut être fixée à 0 ^{m}, 32 à l'échelle de la cunette.

On voit d'après le tableau que l'état de la basse mer est souvent stationnaire ou qu'il varie au plus d'un pied pendant deux heures, c'est-à-dire, une heure avant et une heure après l'étale. On a précédemment estimé que sous le rapport des chasses, on peut compter sur deux heures et demie et trois heures.

L'étale de haute mer est un peu moins stationnaire. Le tableau indique les variations.

Il faut remarquer que pendant le tems des observations inscrites au tableau, les vents étaient faibles et soufflaient du sud ; ce sont les vents qui donnent les plus faibles marées dans le port de Dunkerque.

F I N.

NOTES

SUR LE CANAL DE ROUBAIX ET TOURCOING,

Allant de la Deûle à ces Villes, par la vallée de la Marque.

Roubaix et Tourcoing villes manufacturières les plus remarquables du plus beau département, ont un accroissement de population et de commerce jusqu'ici sans exemple, même en Angleterre.

On n'y remarque aucun de ces graves inconvéniens inhérens aux villes de fabrique. Le sol est élevé, l'air sain, les maisons sont très-écartées, bien éclairées et aérées; et le peuple y jouit de l'aisance et de la santé que procurent toujours l'assiduité au travail, et le mélange des occupations agricoles et manufacturières.

Les nombreuses et belles fabriques de ces villes ne sont point favorisées par les avantages d'une bonne navigation, et le voisinage d'eaux abondantes, causes premières et puissantes de prospérité. Ce pays manque de fontaines ou aquéducs pour fournir aux usages domestiques; de grands réservoirs pour le lavage des laines et des étoffes peintes; et de communications par terre et par eau pour le transport des matières lourdes. Une seule route pavée va de ces villes à Lille et se trouve constamment encombrée de voitures; ce qui augmente le tems et les frais de transport.

Le négociant de Tourcoing, qui tire ses laines de la Hollande par Dunkerque, est forcé de renoncer à la navigation qui en passe à deux lieues, de supporter les frais de chargement et de déchargement, et de préférer les transports par terre, afin de recevoir directement les marchandises des voituriers qui les chargent à Dunkerque et en sont responsables jusqu'à Tourcoing.

Lorsque les étés sont chauds et secs la plupart des puits tarissent; plusieurs fabriques manquent d'eau et cessent leurs travaux. Il faut aller à une lieue chercher une eau stagnante, saumâtre et fétide. En tout tems, les puits, quelle que soit leur profondeur, ne peuvent suffire pour alimenter plusieurs semaines de suite les machines à vapeur qu'on vient d'y établir et n'offrent que de faibles ressources contre les incendies; ces elles sont très-exposées à leur ravage, et tout récemment encore une grande fabrique a été la proie des flammes.

Jusqu'ici le génie de ces industrieux habitans a lutté contre tant d'obstacles et en a triomphé; mais plus les fabriques se multiplient, dans cette riche et intéressante contrée, plus la population (1) s'y presse, et plus elle reconnaît la nécessité d'établir des machines à vapeur et surtout un canal pour les alimenter d'eau et de charbon : C'est alors seulement qu'elle pourra fabriquer davantage et à plus bas prix que les villes rivales d'Angleterre, et nous affranchir des pertes que fait éprouver l'introduction des produits étrangers.

En ouvrant un canal du Pont-à-Tressin à la Deûle, par la Marque, de la Marque à Roubaix et Tourcoing, les marchandises expédiées des colonies, du nord de l'Europe et du midi de la France, seront déchargées à Dunkerque, de bord à bord, dans les bélandres de Roubaix et Tourcoing, et y arriveront sans frais d'entrepôt, de roulage et de com-

(1) Pendant l'année 1821 on a bâti 400 maisons à Tourcoing, Roubaix et Wattrelos.

missionnaire; ces villes seront aussi favorablement placées que si elles étaient sur un canal intérieur, à quelques lieues de la mer; les fabricans ajouteront dès-lors à leurs bénéfices actuels toute la différence du fret par voiture et par bateau, et gagneront en outre les frais de commissionnaires qu'ils sont maintenant tenus de payer.

La pierre, la chaux, etc., tirées de Tournai, qu'on est forcé d'expédier par Lille, seront embarquées au Pont-à-Tressin et arriveront à bas prix par une navigation deux fois plus courte que le chemin de terre; toutes les constructions se feront donc à meilleur marché.

On pourra aussi, par des machines à vapeur, établir sur toutes les places de Roubaix et Tourcoing des fontaines abondantes en toute saison, et des conduits à chaque manufacture. Enfin, on creusera aux abords de ces villes de vastes réservoirs où les fabriques, fussent-elles dix fois plus nombreuses et plus étendues, trouveront des eaux suffisantes pour tous leurs besoins.

L'utilité de ce canal et la facilité de son exécution sont depuis long-tems reconnues. M. de Vauban qui s'occupait avec la même sollicitude des ouvrages nécessaires au commerce et de ceux utiles à la défense, fut le premier qui conçut la pensée d'ouvrir une communication entre la Deûle et l'Escaut, par la Marque et par Roubaix. Ce canal serait l'un des plus fréquentés de France et placerait cette contrée dans la situation la plus favorable pour étendre indéfiniment ses relations de commerce. Mais lorsque ce célèbre ingénieur proposait l'exécution de cet ouvrage, Tournai et le cours de l'Escaut appartenaient à la France. Maintenant cette entreprise n'est plus praticable dans son ensemble, en raison de la nouvelle démarcation des frontières. On doit se borner à canaliser la Marque depuis la Deûle, jusqu'au Pont-à-Tressin, et à ouvrir une communication entre la Marque, Roubaix et Tourcoing.

Nous venons de considérer les avantages du canal pour ces villes; nous indiquerons maintenant 1.° ceux généraux qu'il doit procurer à la ville de Lille, au département du Nord et à la France;

2.° La direction et les dimensions du canal;

3.° L'ouverture et la longueur du souterrain;

4.° Le nombre et la grandeur des écluses;

5.° Le nombre et la forme des ponts;

6.° L'évaluation de la dépense;

7.° Le mode d'exécution des travaux;

8.° La répartition de la dépense;

9.° Les péages à percevoir;

10.° Le montant présumé des recettes;

11.° La durée de la concession;

12.° Enfin l'organisation des compagnies concessionnaires.

1.° *Avantages du nouveau Canal.*

La ville de Lille, le département du Nord et la France entière sont aussi intéressés à l'exécution du canal que les villes de Tourcoing et Roubaix.

1.° La ville de Lille est le centre et l'entrepôt du commerce de l'arrondissement et du département : C'est à Lille que l'on prépare une partie des cotons employés dans les fabriques de Roubaix, et que résident les grands capitalistes et négocians qui attirent et fixent le commerce dans ces contrées et en partagent les bénéfices. Les habitans de Lille, propriétaires de la plupart des fermes du bassin de la Marque et des environs de Roubaix et Tourcoing, retireront par le canal plus de revenus de leurs domaines; des bateaux y conduiront sans frais les engrais et en ramèneront tous les produits.

2.º Le commerce de Tourcoing et Roubaix se lie de même à celui de tous les arrondissemens du Nord. Si les fabriques de ces villes produisaient plus et à meilleur marché, toutes celles du département, en relation avec elles, seraient appelées à partager les bénéfices, et prendraient une extension plus grande. La laine préparée à Tourcoing, le coton travaillé à Roubaix, etc., seraient expédiés sans frais dans les différens ateliers du département du Nord; et on enverrait en échange les matières premières pour alimenter les nombreuses manufactures des deux premières villes.

3.º L'État tout entier a le plus grand intérêt à cette entreprise que Vauban conseillait comme utile à la prospérité de la France, et nécessaire à la défense de cette frontière, la plus exposée et la plus importante.

Les campagnes des environs de Tourcoing et Roubaix, très-peuplées et coupées de haies qui devraient être les premiers remparts de Lille, le principal boulevard du Nord, sont ouvertes à l'ennemi et ne servent à opposer qu'une faible résistance. Une armée nombreuse partant de Menin et Tournai, peut tomber à l'improviste sur la place de Lille, enlever dans une nuit sans coup férir les ouvrages avancés et peut-être surprendre la Place ou la Citadelle.

Le nouveau canal formera une nouvelle enceinte qui garantira la ville de toute surprise par la profondeur de l'eau du canal et l'étendue des inondations de la vallée de la Marque. Cette ligne de circonvallation située à une lieue de Lille ne pourra être accessible qu'aux ponts-levis, mais ils seront levés pendant la nuit et bien défendus. De tels avantages paraissent si importans qu'on devrait, dans ce seul but, ordonner l'exécution du canal.

4.° Le trésor public est en outre appelé à retirer de ces travaux des bénéfices immédiats et directs : à mesure que les fabriques de Tourcoing et Roubaix s'agrandiront et se multiplieront, les propriétés augmenteront de valeur; les revenus publics toujours proportionnels à l'accroissement des fortunes particulières croîtront dans le même rapport que celles-ci. Maintenant on évalue à 20 millions l'exportation dans l'intérieur ou à l'extérieur de ces manufactures; si ce produit monte à 40 millions par l'influence du canal, le trésor, au lieu de retirer de ces contrées un revenu de 500,000 fr. percevra un million; il gagnera donc plus en une seule année qu'il ne paiera en trois pour sa part contributive de l'entreprise.

Toute la tâche de l'administration se réduira à seconder et à légaliser les efforts de quelques villes et de leurs principaux négocians et à fournir en trois ans le quinzième environ de la dépense pendant la durée de la concession; l'Etat retirera un accroissement de tous ces revenus, et à l'expiration de la concession le canal sera sa propriété. Cette entreprise est donc la plus lucrative qu'il puisse faire.

5.° Le commerce de Roubaix et Tourcoing n'est point borné à la consommation de la France : il fournit encore à celle de plusieurs Etats de l'Europe. Ainsi ces manufactures, en prenant une plus grande extension, feraient de plus en plus diminuer le montant des importations, augmenter celui de nos exportations, et pencher en faveur de la France la balance générale du commerce. Cependant ces fabriques n'exigent ni un accroissement de marine militaire pour protéger les expéditions, ni armées pour les défendre en cas de guerre, ni aucune dépense extraordinaire; disséminées sur quatre lieues carrées, et pour ainsi dire invisibles, elles sont défendues d'un ennemi jaloux de notre prospérité par une masse imposante de 40,000 habitans.

Cette population, composée en partie d'anciens militaires

habitués depuis long-tems au métier des armes, saurait se servir avec habileté de toutes les ressources qu'offrira dans ce pays coupé de haies, un vaste et large canal aboutissant à une grande ville de guerre.

Le Gouvernement obtiendra donc par le canal un accroissement de revenus, de puissantes causes de prospérité et de nouveaux moyens de défense des frontières et de la ville de Lille.

2.° *Direction et dimension des travaux.*

La rivière de la Marque sera rendue navigable depuis son embouchure dans la Deûle jusqu'au Pont-à-Tressin, sur la grande route de Lille à Tournai : elle sera redressée, élargie et approfondie de manière que le fond ait partout de 6 à 10 mètres de largeur et le tirant d'eau d'un mètre 60 à 2 mètres de profondeur. On donnera seulement 6 mètres dans les traverses de villages et partout où les propriétés sont habitées, et d'une grande valeur, afin de réduire le montant des indemnités.

A chaque extrémité du canal, c'est-à-dire, à Marquette et au Pont-à-Tressin, on ouvrira un bassin de 200 mètres de longueur sur 40 mètres de largeur pour le stationnement, le chargement et le déchargement des bateaux. Près de Croix et à l'embouchure de la branche de Roubaix et Tourcoing, on établira un bassin octogone de 200 mètres de diamètre destiné à être le premier port de ces villes jusqu'à l'achèvement du souterrain.

Du bassin de Croix partira la branche de Roubaix qui passera au pied de cette ville, ira à Watrelos et de-là à Tourcoing en suivant le bas de la vallée, en évitant les fermes, fabriques et établissemens considérables. Au pied des villes de Roubaix et de Tourcoing, on ouvrira un bassin ou port,

de dimensions égales à celles du bassin du Pont-à-Tressin
et de Marquette, c'est-à-dire, de 200 mètres de longueur
sur 40 mètres de largeur.

3.º *Canal souterrain.*

Le canal souterrain aura 1250 mètres de longueur, 6 mètres
de largeur entre les pieds-droits de la voûte, 2 mètres 50
de tirant d'eau, et sera voûté en maçonnerie de briques
dans toutes ses parties; la voûte sera en plein ccintre de
6 mètres de diamètre; les pieds-droits auront 1 mètre et
demi d'épaisseur, 1 mètre 50 au-dessus du niveau de l'eau
et o ᵐ 50 au dessous du fond, en tout 4 mètres 50 de
hauteur. Cette voûte aura deux briques et demie ou o ᵐ 55
d'épaisseur.

Le long de chaque pied-droit et à 1 mètre 30 au-dessus
de l'eau, on attachera une chaîne de laiton de o ᵐ 04 de
diamètre qui s'étendra sur toute la longueur et servira au
halage, ainsi qu'on le pratique dans la plupart des canaux
souterrains.

Le tirant d'eau des bateaux n'étant que de 1 mètre ou
de 1 ᵐ 20, les eaux déplacées par le mouvement des bateaux,
s'échapperont de chaque côté et surtout par le bas.

De cent mètres en cent mètres, on creusera de chaque
côté alternativement un puits pour enlever les déblais et
descendre les matériaux nécessaires aux constructions des
voûtes.

4.º *Nombre et grandeur des écluses.*

Le premier biez s'étendra, 1.º depuis le Pont-
à-Tressin jusqu'au bassin de Croix et le moulin de
Wasquehal d'une part, sur une longueur de.... 10,673
Et 2.º depuis le bassin de Croix jusqu'à Roubaix
et Tourcoing, sur une longueur de............ 11,050

À reporter....... 21,723

Report........ 21,725

La première écluse sera établie à côté des moulins de Wasquehal et aura 3 ᵐ 30 de chûte.

Le second biez ira de l'écluse de Wasquehal jusqu'au moulin de Marq, où sera placée la 2.ᵉ écluse dont la chute sera de 2 mètres 20. La longueur de ce biez sera de........................... 4,326

Le troisième biez commençant à l'écluse de Marcq se terminera au moulin de Marquette où l'on construira la 3.ᵉ écluse ayant 2 mètres de chûte. La longueur de ce 3.ᵉ biez est de................. 3,078

Le quatrième biez de l'écluse de Marquette à la Deûle sera de niveau avec ce canal.

La longueur de ce 4.ᵉ biez est de........... 443

Les trois écluses auront chacune 40 mètres entre les buscs, et ensemble..................... 120

La longueur totale du canal est de..... 29,690

La surface supérieure de ce canal sera de niveau et le fond de chaque biez aura une faible pente pour faciliter l'écoulement des eaux.

La chûte totale des écluses et la pente du canal est de 7 mètres 50.

Toutes ces écluses seront à sas, faites en maçonnerie de briques et chaux de Tournai avec chaînes, buscs et chardonnets en pierre de taille.

Les sas auront 5ᵐ 20 de largeur ou de passage et 40 mètres de longueur entre les buscs.

5.º *Nombre et forme des Ponts.*

Les ponts seront mobiles ou fixes:

On établira cinq ponts-levis : le premier à Marquette près de la Deûle ; le second sur la grande route de Lille à Menin, le troisième sur la route de Croix, le

17

quatrième sur la route de Lille à Lannoy ; le cinquième sur la grande route de Lille à Tournai. Les culées seront en maçonnerie et le reste en bois.

Les autres ponts seront fixes avec culées en maçonnerie de briques et tablier en bois, et au nombre de dix.

La largeur du passage dans le haut sur les uns et les autres sera de cinq mètres, et celle de la distance entre les culées de six mètres.

Sous chacun des ponts fixes on disposera un chemin de halage de 1 m 50 de largeur.

Des rampes en terre serviront à raccorder les routes avec les digues.

Les ponts fixes auront ainsi une ouverture de 7 m 50 entre les culées.

6.° *Évaluation de la Dépense.*

TERRASSEMENT.

Elargissement , approfondissement et redressement de la Marque sur 18,640 m de longueur.........	280,000 m »
Fouille pour les trois sas.......	24,000 »
Branche de Croix à Tourcoing sur une longueur de 9,800 m, déduction faite du souterrain...........	409,157 14
TOTAL DES Terrassemens....	713,157 14

Lesquels, à raison de 0 m.70 l'un, pour fouille, charge et transport, font....................................... 499,210 00

A reporter   499,210 00

Report..... 499,210 00

SOUTERRAIN.

1250 ᵐ courans de souterrain à
450 ᶠˢ l'un , font................   562,500 00

PONTS.

Cinq ponts-levis à 12,000 fr l'un , ci   60,000 00 fr.
Dix ponts fixes à 8,000 fr. l'un , ci   80,000 00
Dix idem et pontceaux de halage
à 300 fr........................   30,000 00

TOTAL des ponts 170,000 00   170,000 00

ECLUSES.

5 écluses à sas à 86,000 fr. y compris
ponts-levis et maison éclusière.....   258,000 00

INDEMNITÉS DE TERRAIN ET DE MOULINS.

Indemnités de quatre moulins à
raison de 18,000 fr. l'un.........   72,000 00
Indemnités de terrain , la lon-
gueur totale des canaux est de
29,690 ᵐ et la largeur du terrain à
prendre de 30 ᵐ , total de la superficie 89 h. 07 a. à raison de 3,000
fr. l'hectare.....................   267,210 00

TOTAL des indemnités.... 339,210 00   339,210 00

Somme à valoir pour frais de
tracé , de direction , accidens impré-
vus , environ le cinquième.......   371,080 00

TOTAL DE LA DÉPENSE.....   2,200,000 00

Mode d'exécution.

Le canal de la Marque ne faisant point partie d'une grande ligne de navigation, le Gouvernement ne consentirait pas à l'entreprendre à ses frais, ou ne donnerait chaque année que de faibles à-comptes; ainsi de long-tems le pays ne pourrait en jouir et l'entretien n'en serait pas assuré.

Le département, par la même raison, ne peut en payer la totalité; il ne doit contribuer qu'en raison des avantages généraux qu'il en retirera.

Les villes de Tourcoing et de Roubaix ne sont pas assez considérables et assez riches pour donner seules, en trois ans, la somme de 2,200,000 fr. montant des travaux. Mais elles peuvent assurer le succès de l'entreprise par un don proportionné aux avantages immédiats que les travaux doivent leur procurer. La somme de 2,200,000 fr. dépensée dans le voisinage ou sur leur territoire augmentera les droits d'octroi au moins du montant de leurs annuités; d'ailleurs une partie de la population sera employée aux travaux et recevra en journées beaucoup plus que ces villes ne doivent payer.

La ville de Lille ne peut de même intervenir que pour un contingent faible et équivalent à une partie des profits qui seront répartis entre les classes ouvrières de cette ville. Les ouvrages en charpente, serrurerie, maçonnerie seront faits par des ouvriers de Lille qui gagneront bien au-delà de la portion contributive de la ville.

Ainsi, l'Etat, le département et les villes de Lille, Roubaix et Tourcoing qui retireront par l'exécution seule des travaux, beaucoup plus que leurs contingens, sont très-intéressés à cette entreprise; mais elles ne peuvent séparément en courir les hasards en faisant la totalité des avances.

Il paraît plus convenable et plus nécessaire de confier les chances de bénéfices et de pertes à des compagnies qui seront tenues de faire l'avance de la somme totale, et d'assurer par des garanties nécessaires, la prompte et bonne exécution des ouvrages et leur entretien continuel.

A peine un grand ouvrage est-il achevé qu'il doit être réparé. Il faut donc créer à la fois un capital pour ouvrir le canal et un fonds d'entretien pour le maintenir en bon état, ou bien il faut confier les dépenses et les recettes à une compagnie solvable et responsable. Lorsqu'une compagnie est chargée d'une entreprise, elle ne cherche pas à faire des économies qui en compromettraient la solidité et n'ajourne jamais les réparations nécessaires. Les revenus du canal étant proportionnels aux avances premières, à la solidité des travaux et à leur bon entretien, les concessionnaires n'épargneront ni les dépenses, ni les précautions pour rendre en tout tems la navigation facile et continue. Les intérêts du public et ceux de la compagnie sont constamment d'accord; il faut à tous une communication courte, assurée, bonne en toute saison et préférable aux grandes routes, il faut aussi des droits modérés, car les péages élevés éloignent le commerce et rendent moins.

Par ces motifs, nous pensons que la concession du canal doit être accordée aux capitalistes des villes intéressées et que l'adjudication des travaux doit être donnée à la compagnie qui fera le plus fort rabais, présentera les sûretés nécessaires et s'engagera à exécuter les travaux indiqués dans un délai de trois ans au plus; les adjudicataires des travaux seront tenus de prendre un grand nombre d'actions comme garantie de leur engagement avec le public et les capitalistes concessionnaires.

Au moyen de ces précautions, les villes intéressées auront la certitude que les ouvrages seront parfaitement et promptement exécutés et constamment entretenus. La compagnie concessionnaire avancera la totalité des fonds, veillera à leur emploi et à la perception des péages. La compagnie adjudicataire des travaux sera chargée, sous sa responsabilité et à ses risques et périls, de leur exécution et forcée de prendre trois ou quatre cent mille francs d'actions pour la garantie de son contrat.

Ce mode de concession nous semble prévenir tous les inconvéniens; réunir tous les avantages, et donner toute sécurité à l'Etat, au département et aux villes intéressées.

Après l'expiration de la concession, l'Etat aura la propriété entière des ouvrages en remboursement des indemnités qu'il prendra à sa charge.

8.° *Répartition de la Dépense.*

Le canal doit fournir de l'eau à toutes les fabriques de Tourcoing et Roubaix, garantir ces villes de l'incendie, faciliter l'exploitation des fermes de la vallée de la Marque et en augmenter les revenus : ces avantages sont bien constatés, mais il serait impossible de les apprécier exactement, et d'imposer chaque propriétaire en raison des bénéfices qu'il doit en retirer. Un capitaliste qui, dans quelques années, construirait une vaste fabrique près du nouveau canal, en retirerait plus de profits, sans avoir contribué à la dépense, que la plupart des propriétaires riverains actuels; on ne doit donc pas faire contribuer ceux-ci.

Le moyen d'exécution le plus équitable et le plus assuré, c'est de déterminer les communes intéressées à voter, comme don gratuit, une partie des fonds, et de faire avancer le reste par des capitalistes qui recevront en remboursement le revenu du canal.

Les villes de Roubaix et de Tourcoing doivent payer la cotisation la plus forte; le canal leur fournissant tout-à-la-fois une nouvelle communication, des moyens de prévenir les incendies et d'alimenter d'eau leurs nombreuses fabriques : chacune d'elles peut donner vingt mille francs par an pendant vingt ans.

La ville de Lille, également favorisée, mais plus éloignée, ne paiera que dix mille francs pendant vingt ans. Le département contribuera pour l'exécution des routes qui se lient à l'exécution du canal et en sont comme le complément indispensable. Le Gouvernement doit non-seulement encourager cette entreprise et avancer une partie de la dépense, mais employer son autorité afin de lever les difficultés qui ne manqueraient point de la faire échouer. Son intervention est indispensable pour le règlement des indemnités mises en totalité à sa charge, et dont il paiera le montant dans un délai de trois années. A la fin de la concession, il aura la propriété du canal.

Récapitulation des ressources précédentes.

La ville de Roubaix 20,000 fr. pendant vingt années, ou...........................	400,000 00
La ville de Tourcoing 20,000 fr. pendant vingt années, ou.............................	400,000 00
La ville de Lille 10,000 fr. pendant vingt années, ci..............................	200,000 00
L'Etat 113,070 pendant trois années, ou....	339,210 00
	1,339,210 00
La dépense totale étant de..............	2,200,000 00
Et les contributions précédentes de........	1,339,210 00
Il semble qu'il ne reste à fournir que la somme de...............................	860,790 00

Mais il est facile de concevoir que le canal devant être exécuté en trois années, il faut aussi ajouter les intérêts de ce capital, plus les intérêts des annuités offertes par les villes, mais qu'il faut avancer. Nous allons calculer le montant total qui sera dû au moment de l'achèvement des travaux.

L'exécution devant durer trois ans, les concessionnaires recevront au fur et à mesure de l'emploi :

De Roubaix 20,000 fr. pendant trois ans...	60,000	00
De Tourcoing idem..	60,000	00
De Lille, 10,000 fr. pendant trois ans.....	30,000	00
De l'Etat en trois années................	339,210	00
TOTAL de la recette pendant trois ans et sans intérêt......................	489,210	»
La dépense totale est de............	2,200,000	»
Reste à avancer pendant trois ans.........	1,710,790	»
Au bout de la troisième année il sera dû cette somme plus l'intérêt composé, calculé à raison de six du cent qui est de............	154,000	»
Total de la somme due après trois ans....	1,864,790	»

Mais les concessionnaires recevront en déduction; savoir:
De Roubaix, 20,000 pendant 17 ans.
De Tourcoing, 20,000 pendant 17 ans.
De Lille, 10,000 pendant 17 ans,
Nous déterminerons par le calcul à quel capital s'élèvent ces différentes allocations; c'est-à-dire, quel est le capital qui, payé comptant, est remboursé avec les intérêts composés au bout du tems fixé; nous supposons toujours l'intérêt à six pour cent.

Soient T le tems pendant lequel on paie l'annuité qui est de dix-sept ans.

I l'intérêt fixé à 6 pour cent, ou à 0 06
P le montant de l'annuité qui est dans le premier
   cas de 20,000 fr, et dans le second de 10,000.
X le capital cherché.
L'équation suivante donne le rapport entre ces quantités :

$$X = P \left(\frac{(1+i)^t - 1}{i(1+i)^t} \right)$$

Ce qui donne pour le premier cas où pour
la ville de Roubaix..................... 197,602 00
  Idem pour la ville de Tourcoing.......... 197,602 00
Et pour le second cas, ou pour la ville de Lille 98,801 00

   TOTAL des annuités capitalisées...... 494,005 00
La somme payée par les concessionnaires
étant de................................ 1,864,890 00

Il sera réellement dû aux concessionnaires
à la fin des travaux, la somme de.......... 1,370,785 00

   Ou en nombre rond......... 1,370,800 00

9.º Péages à percevoir.

Il sera perçu un droit de 0, 20 centimes par cinq mille
mètres et par tonneau de mille kilogrammes sur le charbon,
pierres, sables, bois, cendres, engrais et autres matières
analogues; un droit de 0 40 par 5000 mètres et par quintal,
sur le blé, avoines et autres céréales, fourrage, vin, fruits,
marchandises fabriquées, denrées coloniales et un droit de
0, 10 par tonneau et par cinq mille mètres sur chaque bateau
vide parcourant le canal.

Le droit de station dans chaque port sera pour chaque
jour non compris le premier jour de 0, 10 par tonneau, lorsque
les bateaux seront chargés, et de 0, 05 lorsqu'ils seront vides.

Lorsqu'un bateau cubera moins de 20 tonneaux, il paiera

18

comme s'il avait 20 tonneaux, soit dans le trajet, soit dans les ports.

Néanmoins les petits bateaux appartenant à des propriétaires riverains auront le droit de circuler sur le canal entre deux écluses, le canal souterrain excepté. S'ils passent une écluse ou le souterrain, ils paieront comme les bateaux indiqués ci-dessus.

Les droits seront perçus à l'entrée et à la sortie du canal et dans les lieux intermédiaires qui seront déterminés.

Des bornes en pierre numérotées seront placées sur toute la ligne du canal et serviront à calculer le montant des péages dus aux différens bureaux.

Les bateliers ne pourront séjourner hors des places, bassins et ports qui sont désignés pour servir d'entrepôt.

10.° *Montant présumé des Recettes.*

Il passera par jour environ deux bateaux chargés de 100 tonneaux chacun et deux bateaux vides de même capacité parcourant l'un et l'autre à-peu-près 20,000 mètres.

Le produit de chacun sera de terme

moyen, ci...................... 120
Et pour le second............... 120
Deux bateaux vides à 40 fr. l'un....   80

    TOTAL pour un jour..... 300

On estime que la navigation aura lieu pendant 300 jours, le produit sera donc de......... 96,000 00

Produit des digues, des ports, de la chasse, de la pêche, herbes, plantations, etc.,........ 8,000 00

Vente des eaux utiles à divers usages..... 20,000 00

    TOTAL de la recette brute....... 124,000 00

Report... 124,000 00

La dépense pour frais d'entretien, de réparation du canal et du souterrain, frais d'administration, appointemens du secrétaire, des percepteurs, gages des éclusiers, gardes-canaux,
pontonniers, frais de surveillance, ensemble.... 41,494 00

Reste pour recette nette.............. 82,506 00

11.º *Durée de la Concession.*

Le capital avancé, le produit net annuel étant déterminé et
l'intérêt fixé, la durée de la concession sera donnée par le
calcul suivant; soient C le capital qui est de 1,370,800 fr.

I l'intérêt fixé à 6 pour 100 ou de 0, 06.

P le péage ou le montant de l'annuité évalué 82,506 fr.

$$\text{ou à } X = \frac{\log (- p) \log (ci - p)}{\log (1 \div i)}$$

Ce qui donne 99 ans, c'est-à-dire qu'après cette époque, les
concessionnaires seront remboursés de l'intérêt des fonds à 6
pour 100 et du capital tout entier. Ainsi, la durée de la concession est fixée à 99 ans.

12.º *Organisation des Compagnies concessionnaires et création des actions.*

La somme à avancer étant de............ 1,864,790 00
Nous ajoutons un capital suffisant pour créer
tous les établissemens riverains, comme édifices
pour le logement du percepteur et employés de
la compagnie, ports, bassins, barques de poste
que les commissaires de la compagnie feront
construire, nous évaluons le tout à........... 135,210 00

TOTAL du capital fourni........ 2,000,000 00

Nous proposons de créer quatre cents actions de 5,000 francs l'une ; l'adjudicataire des travaux sera tenu d'en prendre cinquante pour garantie de son entreprise.

Les 350 actions restant seront données aux personnes de Roubaix, Tourcoing et Lille qui se feront inscrire les premières chez MM. les Maires de ces villes à un jour déterminé. Chaque ville aura la faculté de prendre un nombre d'actions à-peu-près proportionné à sa cotisation, c'est-à-dire, Roubaix 140, Tourcoing 140 et Lille 70.

Pendant les huit premiers jours d'inscription chaque actionnaire ne pourra prendre qu'une action, les huit jours suivans les mêmes actionnaires auront la faculté d'en prendre une s'il en reste de libre, et ainsi de suite pendant trois semaines. Après ce délai, les inscriptions seront prises à la préfecture où des capitalistes quelconques auront la faculté de prendre des actions dans le même ordre, c'est-à-dire, une action la première semaine, deux la seconde et ainsi de suite jusqu'au complément de la cotisation.

Les actionnaires, indépendamment de la recette annuelle qui sera partagée entr'eux, auront à toucher les allocations restant des villes de Tourcoing, Roubaix et Lille qui se montent savoir :

Pour Roubaix 20.000 fr. pendant 17 ans..... 340,000 00
Pour Tourcoing idem   idem....... 340,000 00
Pour Lille 10,000 fr. pendant 17 ans......... 170.000 00

TOTAL des allocations à percevoir aux échéances.................................. 850,000 00

Cette somme sera distribuée en prime dans un seul tirage entre les 400 actions, de façon que chacune ait au moins 1,500 fr., les 250,000 fr. seront donnés en primes aux 50 premières actions désignées par le sort. Chaque billet de 1,500 fr. portera l'époque de son échange et la caisse chargée d'en payer le montant.

L'adjudication des travaux sera donnée au rabais à la compagnie qui s'engagera de les exécuter en trois années et prendra à sa charge les accidens imprévus, les augmentations de dépense, les frais d'entretien et la responsabilité pendant un an après l'achèvement de tout le canal; les paiemens seront faits par la compagnie concessionnaire du canal à la compagnie adjudicataire des travaux au fur et à mesure de l'avancement des ouvrages.

L'acte social contenant les statuts de la société relatifs au canal de Roubaix et Tourcoing, sera rédigé d'après les bases suivantes.

CHAPITRE PREMIER.

De la formation de la Société.

ARTICLE PREMIER.

La concession du canal de Tourcoing et Roubaix et toutes les dépendances, l'exécution des travaux, la recette des péages, des revenus quelconques, des allocations à payer par les villes, le département et l'Etat, ainsi que tous les droits en résultant, rien excepté ni réservé, sont l'objet de cette société.

2. L'association est formée pour tout le tems de la durée de la concession.

3. Le capital à fournir est porté à deux millions divisés en 400 actions de cinq mille francs l'une.

4. Les actions seront tirées d'un registre à talon et à souche, signées par le président de l'administration, par le secrétaire, et visées par le notaire de la société. La cession s'en fera et sera constatée par une déclaration séparée mise au bas de

l'acte et signée également par le président, le secrétaire et le notaire.

5. Les porteurs d'actions pourront les transférer; le transport s'opérera par l'endossement et la tradition du titre, néanmoins le cessionnaire sera tenu de donner connaissance du transfert, tant au caissier général qu'à l'administrateur porteur du registre des actions; et il devra en outre faire mention du transfert sur les deux doubles dudit registre, par une déclaration signée de lui ou de son fondé de pouvoirs.

6. L'action est déclarée indivisible.

7. Tout appel de fonds sur les actionnaires ou leurs représentans est prohibé; et dans aucun cas, ils ne pourront être inquiétés ni recherchés pour dettes ou autres obligations quelconques, contractées à raison ou à l'occasion de l'exécution des travaux et de l'entreprise dont il s'agit, ils ne seront passibles que de la perte du montant de leur intérêt dans la société.

8. Le canal et ses dépendances seront indivisibles entre les mains des actionnaires; il ne pourra en être distrait ni séparé aucune portion par cession, donation ou toute autre cause.

9. L'universalité des actionnaires formera la société anonyme établie par le présent et prendra le nom de société du canal de Roubaix et Tourcoing.

CHAPITRE II.

De l'administration de la Société.

10. La société sera représentée par les trente principaux actionnaires.

Les actionnaires ne pourront en aucun cas charger de leurs pouvoirs qu'un actionnaire ayant déjà voix délibérative ou leur fils, gendre ou frère, et en cas de réunion, le fils, le gendre ou le frère d'un des actionnaires réunis.

11. Les actionnaires représentans de la société se réuniront en assemblée générale tous les ans, le deuxième lundi de janvier, à midi précis, sans qu'il soit besoin de convocation; le chef-lieu de l'association sera à Lille.

12. Lesdits actionnaires pourront être convoqués en tout autre tems, à la demande et diligence des administrateurs dont il sera ci-après parlé.

Dans ce cas, la convocation devra être faite quinze jours au moins avant la tenue de l'assemblée.

13. Pour prévenir tous embarras et erreurs dans la convocation, chaque actionnaire choisira un domicile dans la ville de Lille, où toute notification lui sera valablement faite. Les élections de domicile seront consignées au registre des résolutions de la société; la notification se fera par lettres chargées.

14. L'assemblée générale ne pourra délibérer que lorsqu'elle sera composée au moins de douze actionnaires ayant voix de délibération.

15. Dans toute assemblée générale les voix se compteront par le nombre d'actions et comme il suit :

Une ou deux actions, une voix.

Trois actions, deux voix.

Six actions, trois voix.

Douze actions et au-dessus, quatre voix.

16. La première assemblée générale aura lieu à l'hôtel de la préfecture, le jour de l'ouverture de la navigation du canal.

Il sera nommé à cette réunion trois administrateurs pris parmi les actionnaires possédant au moins trois actions et qui seront exclusivement chargés de régir les intérêts de la société.

Le fondé de pouvoirs de plusieurs actionnaires ayant ensemble trois actions ne pourra être nommé administrateur que dans le cas où il en aurait au moins une. Les administrateurs ne seront responsables que de l'exécution du mandat qu'ils auront reçu, et ne contracteront, à raison de leur gestion, aucune obligation personnelle ni solidaire relativement aux engagemens de la société.

17. Les administrateurs seront nommés pour cinq ans : ce terme expiré ils seront rééligibles.

Ils se réuniront deux fois au moins par an à Lille, savoir : le deuxième lundi de janvier et le premier lundi de juillet. Jusqu'à une autre disposition, les réunions se feront à l'hôtel de la préfecture.

18. L'un ou l'autre des administrateurs pourra provoquer des assemblées plus fréquentes lorsque l'état ou les intérêts de la société l'exigeront.

19. En assemblée de ces administrateurs les voix se compteront par tête sans avoir égard au nombre d'actions.

20. Lesdits administrateurs désigneront parmi les actionnaires celui qui remplira les fonctions de caissier : ils surveilleront les recettes et les dépenses.

21. Ils présenteront à la nomination de l'assemblée générale les receveurs, éclusiers, gardes et autres préposés qui seront nécessaires. Ces employés seront révocables à la volonté de ladite assemblée générale qui fixera également leur traitement.

22. Pourront néanmoins les administrateurs suspendre et remplacer provisoirement lesdits employés lorsqu'ils le jugeront convenable aux intérêts de la société, mais la destitution et le remplacement définitifs de ces employés ne seront prononcés qu'en assemblée générale, sur leur proposition, conformément à l'article précédent.

23. Les receveurs seront tenus d'inscrire les recettes, article par article, jour par jour, sur des registres à talons, cotés et paraphés par un des administrateurs autre que celui qui exercera les fonctions de caissier général.

Les actionnaires ayant voix délibérative à l'assemblée générale auront le droit de vérifier et contrôler à volonté les registres des receveurs, le tout néanmoins sans déplacement.

Les mêmes actionnaires pourront exiger des receveurs les bordereaux des recettes et dépenses de chaque mois, et des versemens qu'ils auront faits au caissier général.

24. Les actes judiciaires et extrajudiciaires concernant la société, soit activement, soit passivement, seront faits au nom de l'association, à la poursuite et diligence des administrateurs.

25. Toutes les résolutions des administateurs seront provisoires et provisoirement exécutées; elles seront inscrites sur un registre, et portées à la connaissance de l'assemblée générale pour obtenir son assentiment.

26. Les administrateurs n'auront droit à aucune indemnité : ils obtiendront seulement le remboursement de leurs frais, sur état approuvé par l'assemblée générale. Le caissier recevra des appointemens qui seront réglés par les actionnaires.

27. Pour garantie de leur gestion, les administrateurs devront déposer trois actions chez le notaire de l'association; et celui qui exercera les fonctions de caissier, six de plus.

Ces actions seront inaliénables durant leurs fonctions.

CHAPITRE III.

Du compte à rendre aux actionnaires et du réglement des intérêts et dividendes.

28. La société entrera en jouissance le jour où la navigation sera établie sur le canal : à partir de cette époque, toutes les recettes, même celles qui auraient pu être faites précédemment, seront partagées entre tous les actionnaires.

19

29. Les administrateurs présenteront à l'assemblée générale de chaque année le compte des recettes et dépenses de l'année précédente.

30. Chaque actionnaire pourra prendre connaissance de l'arrêté des recettes et dépenses et du réglement qui aura été fait des dividendes.

31. Il sera payé deux dividendes par année.

32. A leur assemblée du premier lundi de juillet, les administrateurs régleront le dividende du premier semestre de l'année, d'après la situation de la caisse.

33. Le deuxième dividende sera réglé tous les ans, par l'assemblée générale, d'après le compte dont il est question à l'article 29.

34. Les dividendes délibérés se paieront à vue à la caisse générale de la société ou à la demande de l'actionnaire, en bons sur Paris.

35. Un vingtième des produits nets annuels sera mis en réserve et placé dans les fonds publics de la France, jusqu'à concurrence d'un capital nominal de deux cent mille fr. Ce capital entrera en accroissement de chaque action dont il ne pourra être séparé, pour devenir comme elle, la propriété de l'actionnaire; il pourra cependant, en cas de circonstance extraordinaire être employé aux dépenses imprévues ou d'amélioration, s'il y a lieu, d'après une délibération de l'assemblée générale.

En cas de diminution, par un emploi quelconque, suivant la réserve précédente, il sera fait successivement de nouvelles retenues, au même taux, pour compléter ce capital.

Les intérêts annuels que produira ladite somme seront portés en recette. A l'expiration de la société le capital dont il s'agit sera vendu et partagé entre les actions.

CHAPITRE IV.

De la direction et surveillance des travaux d'entretien et autres travaux d'art.

36. Les administrateurs s'adjoindront un ingénieur du corps royal des ponts-et-chaussées pour la direction des travaux d'entretien et autres ouvrages d'art du canal. Cet ingénieur sera choisi et révocable par l'assemblée générale, qui arrêtera annuellement ses états d'honoraires.

37. Chaque année avant l'assemblée générale, l'ingénieur rédigera le projet des dépenses d'entretien et autres travaux d'utilité, et il le soumettra à l'examen des administrateurs, qui le présenteront, avec leurs observations, à l'assemblée générale pour obtenir l'autorisation des dépenses à faire dans la campagne.

38. En cas d'accidens imprévus, les administrateurs seront autorisés à prendre toutes les mesures nécessaires pour arrêter et réparer les dégradations urgentes, à charge de convoquer une assemblée générale, si les dépenses devaient outrepasser la somme de six mille francs.

39. Il sera fait, chaque année, par les administrateurs, accompagnés de l'ingénieur, une visite générale du canal et dépendances pour en constater l'état et faire connaître les réparations qui auraient été négligées et les constructions qui seraient jugées nécessaires; il sera du tout dressé procès-verbal.

CHAPITRE V.

Dispositions générales.

40. Toutes les résolutions qui seront prises en assemblée générale des actionnaires représentans de la société, sur tous les intérêts et dépendances, ainsi que sur toute espèce de

contestations qui pourraient s'élever à raison desdits intérêts entre les actionnaires entre eux, ou entre les administrateurs et les actionnaires, seront obligatoires pour les associés,
lesquels s'engagent formellement à y obtempérer comme à un
jugement en dernier ressort, renonçant expressément à toutes
voies judiciaires quelconques, appels ou recours quels qu'ils
soient.

41. Le présent acte de société sera soumis à l'approbation
du Gouvernement, conformément à l'article 57 du code de
commerce.

NOTES SUPPLÉMENTAIRES

SUR LE PORT DE DUNKERQUE.

La répartition que nous avons proposée d'un fonds de trois millions pour les travaux du port ayant été successivement adoptée par M. Becquey, directeur-général des ponts et chaussées, le conseil-général du département du Nord et la ville de Dunkerque, cette ville a nommé M. Coffin, député, ou commissaire, pour garantir ou faire l'emprunt de trois millions en son nom, si le Gouvernement le jugeait nécessaire, lui représenter l'état déplorable du port, et le solliciter à faire rendre la loi de sanction des différens votes.

Les membres du conseil d'Etat et des Chambres, chargés d'examiner le projet de loi rédigé par M. Becquey, ont partagé les vives sollicitudes des députés du Nord et ont semblé rivaliser de zèle pour rendre au port de Dunkerque son ancienne splendeur. M. Dupleix de Mézy surtout, l'un d'eux, comme conseiller d'Etat chargé de soutenir la loi, et M. le comte de Béthisy, rapporteur de la commission, ont beaucoup contribué au succès par l'influence de leur position et de leur mérite. M. Coffin, fondé de pouvoirs et envoyé de Dunkerque, a rempli sa mission avec un zèle, une persévérance et un dévouement au-dessus de tous les éloges : il a su intéresser tous les hommes d'Etat au sort de sa ville, et mériter, en même tems, leur estime

et la reconnaissance de ses concitoyens. Nous souhaitons
que ce député soit bientôt chargé de réclamer la franchise du port, sans laquelle on ne parviendra jamais à lui
rendre son ancienne splendeur. Personne n'a plus de titres
pour obtenir cette franchise qui serait aussi avantageuse à la
France qu'au département du Nord puisqu'elle donnerait à
Dunkerque le commerce maritime dirigé, à notre détriment,
sur Ostende et Anvers.

Malgré le concours général de bonnes intentions, de
talens et d'efforts en faveur de Dunkerque, nous avons
craint long-tems que ces travaux ne fussent indéfiniment ajournés; mais M. Becquey, en levant tous les
obstacles à mesure qu'ils se présentaient, est parvenu à
faire décider la restauration de ce port, et a rempli les espérances qu'il avait fait concevoir à son passage dans cette ville.

Pour compléter les premiers documens que nous avons
donnés sur le projet de rétablissement du port de Dunkerque,
nous y joindrons, 1.º les observations remises aux membres de
la chambre des Députés par M. Coffin; 2.º le texte de l'exposé
des motifs et de tous les discours relatifs au port de Dunkerque
lus aux deux chambres; 3.º une indication des travaux
exécutés pendant la campagne de 1821; 4.º les nouveaux
renseignemens demandés par M. le directeur-général sur la
marche des marées; 5.º deux plans de détail où sont indiqués,
dans l'un le nouveau bassin de retenue, et dans l'autre
le pont de la citadelle qui avait été aussi proposé et adopté,
et depuis abandonné pour y substituer un pont-levis.

OBSERVATIONS

SUR

LA NÉCESSITÉ ET LES MOYENS DE RÉTABLIR

LE PORT DE DUNKERQUE.

LE port de Dunkerque, si florissant sous les règnes de Louis XIV et de Louis XVI, est maintenant dans le dernier état de dégradation. Une barre ou banc de sable en ferme l'entrée, et s'étend à près de 200 mètres au-delà des jetées; celles-ci se sont affaissées au niveau de la plage; les quais en charpente tombent en ruine, et une grande partie ne peut plus servir à la décharge des bâtimens; le chenal et le port sont encombrés de vase. Enfin, ce port, où les frégates armées pouvaient entrer naguère, n'est plus maintenant accessible qu'aux bâtimens de 200 à 250 tonneaux, et seulement aux marées de vive eau, de sorte que l'on voit souvent des bâtimens retenus dans la rade ou dans le port des mois entiers, faute d'eau suffisante pour franchir la barre.

Telle est la situation où ce port se trouve réduit par l'état d'abandon dans lequel on l'a laissé depuis plus de vingt ans; et ce qu'une nation voisine n'a obtenu qu'après de longues guerres, est à la veille d'arriver, si le Gouvernement n'y porte sa sollicitude.

Ainsi, ce port, le seul que la France possède dans la mer du Nord, qui n'a été rétabli qu'avec de grands frais qui prouvent toute l'importance que nos Rois y attachaient, est sur le point d'être perdu, si la voix de ses habitans n'est pas écoutée, et si l'on ne s'empresse pas de porter un prompt remède aux progrès effrayans du mal. Les ouvriers et les marins manquant d'ouvrage, sont dans la misère et forcés de passer en Belgique huit mois de l'année pour pourvoir à leur subsistance; les capitaux sont sans emploi et se retirent de la circulation; les maisons sont à vil prix et rendent à peine le double de l'impôt. C'est au sein de la paix, et lorsque la restauration avait fait concevoir à cette ville dévouée de si brillantes espérances, qu'elle est condamnée à la plus affreuse détresse ; à aucune époque son port n'a eu moins de mouvement, et jamais le découragement de cette ville importante n'a été au point où il est arrivé.

Cependant les départemens de la Flandre n'ont de communication avec la mer que par Dunkerque ; ainsi la prospérité de ces contrées est étroitement liée à l'état de ce port.

Le département du Nord, le plus populeux de la France, deviendrait aussi plus industrieux, si son commerce était secondé par une bonne navigation intérieure, aboutissant à un bon port. Déjà on est à la veille d'atteindre une partie de ce résultat favorable, par l'ouverture des canaux de Bourbourg et de la Sensée, et plus encore si, comme tout porte à le croire, les autres projets de navigation intérieure s'exécutent. Mais à quoi serviraient ces canaux, s'ils ne communiquaient directement à la mer, ou si l'on ne s'empressait à détruire les obstacles qui s'opposent à cette communication.

Il faudrait n'avoir aucune connaissance de l'histoire, pour contester à Dunkerque les avantages de sa position, et son utilité par rapport à l'intérêt général de la France, soit en tems de paix ou en tems de guerre ; les services que ce port a rendus sont encore trop présens à notre mémoire pour que nous ayons besoin de les rappeler. Le port de Dunkerque n'existerait pas, qu'il faudrait le créer ; et cependant il tombe en ruine, et son état de dépérissement est tel, qu'un plus long ajournement de sa restauration laissera tout à refaire, et que chaque année nécessitera une nouvelle dépense, tandis qu'aujourd'hui, d'après les projets et estimations de l'administration des ponts et chaussées, trois millions suffiraient.

L'on ne s'est point dissimulé, que réclamer du Gouvernement une semblable dépense, dans l'exercice d'une année, présenterait des inconvéniens graves, et peut-être des obstacles insurmontables. Aussi a-t-on reconnu que le moyen d'un emprunt les levait tous, et éviterait la perte totale dont ce port, et par conséquent la ville, sont si prochainement menacés.

Quoique l'entretien et les travaux des ports aient toujours été à la charge de l'Etat, le département du Nord et les villes de Lille et de Dunkerque ont si vivement senti toute l'urgence, qu'ils se sont dévoués aux plus grands sacrifices pour détourner le coup dont ils sont menacés par l'anéantissement de leur port.

En conséquence, le conseil-général du département, à sa dernière session,

1, par délibération unanime, voté la somme de F. 600,000, payable d'année en année, à raison de F. 40,000 l'une.

La ville de Lille offre F. 10,000 pendant le même laps de tems, c'est-à-dire F. 150,000.

Et Dunkerque, à peine libéré d'une dette considérable, contractée pour les subsistances de ses habitans pendant deux années de calamité, offre, d'une voix générale, pour éviter sa ruine, la somme de F. 40,000 pendant quinze ans, à imputer sur son budget. Soit F. 600,000.

Certes, de pareils dons et de semblables sacrifices parlent plus haut que tout ce que nous pourrions dire, et prouvent assez combien la prospérité du département du Nord et l'existence d'une de ses principales villes sont dépendantes de la restauration de son port. Il ne s'agit donc plus que de réclamer du Gouvernement sa part contributive dans une dépense qui devrait être toute à sa charge, mais que le dévouement et le zèle d'une population de près d'un million d'âmes veut partager.

Ce n'est point trop demander que de solliciter la concession pendant quinze ans, de F. 90,000 à prendre sur les droits et demi-droits de tonnage.

Et une allocation, pendant le même terme, de F. 125,000 sur le budget annuel de la direction générale des ponts et chaussées, qui y a déjà consenti.

Que ces concessions soient garanties par une loi qui serait le gage des prêteurs et des intérêts de l'emprunt; alors les travaux s'exécuteraient en quatre ans, et, de cette manière, se rétablirait un port important, pour ainsi dire sans charge pour l'État, et incontestablement sans gêne pour l'administration chargée de sa conservation, tandis que, d'un autre côté, et nous ne saurions trop le répéter, un plus long ajournement nécessitera infailliblement plus de dépenses, et augmentera par conséquent les difficultés d'y pourvoir.

D'après ces principes et ces vérités, le conseil municipal de la ville de Dunkerque, trop justement effrayé du dépérissement progressif de son port, et voulant tenter tous les moyens pour parvenir à sa restauration, a pris, le 17 décembre dernier, la délibération suivante :

1.° Que la ville de Dunkerque ferait, en son nom, l'emprunt des fonds nécessaires pour pourvoir à la dépense que doit occasionner la restauration de son port; et qu'en conséquence, demeurant chargée de la recette et de la dépense relatives aux travaux, elle sera autorisée à créer des valeurs négociables, et à faire l'émission d'obligations remboursables à des époques déterminées ;

20

2.° Que le gouvernement du Roi sera supplié de faire aux Chambres la proposition d'une loi qui autorise la ville de Dunkerque à faire cet emprunt, dont l'intérêt ne pourra excéder huit pour cent ; au remboursement duquel emprunt et au paiement des intérêts seront affectées les différentes allocations ci-dessus relatées ;

3.° Que, pour donner aux prêteurs toute sécurité , le Gouvernement fera stipuler dans la loi , qu'il se rend responsable de tout déficit dans lesdites allocations : en sorte que si l'une ou l'autre de ces allocations ne fournissait pas annuellement le montant de la somme cotée, il sera obligé d'y suppléer , quelle qu'en soit la cause, par des espèces ou par une inscription sur le grand livre de la dette publique, au cours du jour auquel le paiement s'opérera ;

4.° Que le conseil municipal réglera ultérieurement le mode à adopter à l'égard de l'emprunt , la formule à donner aux obligations, le mode d'administration, et tout ce qui concerne cette opération. Ce règlement ne sera rendu exécutoire qu'autant qu'il aura reçu l'approbation de l'autorité compétente ;

5.° Qu'il sera rendu de cette opération un compte de clerc à maître qui sera soumis à la vérification et à l'approbation de la Cour des Comptes ;

Et enfin, qu'en raison de l'urgence, il serait envoyé à Paris un député chargé de solliciter du Gouvernement l'exécution des mesures proposées dans la délibération qui précède.

Puissent maintenant ces dispositions mériter la sanction du Gouvernement et nous mener au but tant et si long-tems désiré! La restauration du port de Dunkerque sera pour ses habitans un sujet éternel de reconnaissance envers leur Roi révéré, comme aussi la récompense de leurs services, de leur amour et de leur dévouement à tout ce qui peut tendre au bien public et à la prospérité de la France.

Le Député de la ville de Dunkerque,

D. COFFIN,

2.° *Adjoint du Maire.*

Paris, le 10 février 1821.

CHAMBRE DES DÉPUTÉS.

Le ministre des affaires étrangères réclame la parole et annonce qu'en l'absence du ministre de l'intérieur, retenu par indisposition, il vient présenter un projet de loi relatif aux travaux que nécessite l'état du port de Dunkerque.

M. le ministre en développe ainsi qu'il suit les motifs et présente le projet de loi suivant :

MESSIEURS,

Le port de Dunkerque, l'un des plus importans du royaume, et le seul que nous possédions dans la mer du Nord, se trouve dans un état de dégradation qui donne pour son existence les inquiétudes les plus vives et malheureusement les plus fondées. L'accès en est fermé, en quelque sorte, par un banc de sable qui s'étend à près de deux cents mètres au delà des jetées, et qui présente, à son entrée, un écueil devenu de jour en jour plus dangereux. Une masse énorme de vase obstrue le port et le chenal. Les jetées affaissées au niveau de la plage ont déjà causé la perte de plusieurs navires. Les quais en charpente tombent en ruine, et leurs décombres menacent d'interdire entièrement la voie du chenal. Enfin le mal a fait des progrès si affligeans et si rapides, que de petits bâtimens de deux cents à deux cent cinquante tonneaux n'entrent plus aujourd'hui qu'avec inquiétude, seulement pendant les marées de vive eau, dans un port qui présentait encore, il y a huit ou dix ans, à des frégates armées en guerre, un abri aussi sûr que commode.

L'administration des ponts et chaussées frappée depuis long-tems d'un état aussi alarmant, mais forcée par la pénurie des finances de n'appliquer aux établissemens de ce port que des sommes insuffisantes, et tout-à-fait disproportionnées avec leurs besoins, n'en a pas moins senti combien le retour de la paix maritime rendait plus urgente la nécessité de faire recouvrer au port de Dunkerque ses anciens avantages et sa prospérité première. Elle a fait rédiger, avec le plus grand soin, tous les projets généraux et particuliers des différens travaux qui peuvent tendre à ce but, persuadée que si la situation du trésor ne permettait pas à l'Etat de faire exécuter à ses frais la totalité de l'entreprise, la ville de Dunkerque, le département du Nord, enfin tous les intérêts locaux se réuniraient pour seconder ses efforts.

L'attente de l'administration n'a pas été trompée : les projets des ingénieurs venaient d'être rédigés, et le montant de la dépense totale, évaluée à environ 3,800,000 fr., était à peine connu, que la ville de Dunkerque et le conseil général du département du Nord, ont demandé à coopérer au succès de cette utile entreprise.

Quoique l'estimation du projet général s'élève à 3,800,000 fr., tous les travaux ne présentant pas le même degré d'urgence, et quelques-uns pouvant être ajournés sans inconvénient, on a calculé qu'il était possible de ramener la dépense à la somme d'environ................ 3,000,000 fr.

Pénétrée de l'importance de garantir à l'entreprise la promptitude d'exécution si désirable quand il s'agit de travaux à la mer, la ville de Dunkerque a demandé que le Gouvernement prît l'engagement de faire terminer les travaux dans un intervalle de quatre ans ; et, pour aider le Gouvernement dans cette utile et importante entreprise, la ville de Dunkerque a offert de contribuer pendant quinze ans pour une somme annuelle de.. 40,000 f.

Le département du Nord, conformément au vote du conseil général, en date du 8 août 1810, contribuera, pendant quinze ans, pour une somme annuelle de................. 40,000

L'administration des ponts et chaussées contribuerait aussi, pendant quinze ans, sur son budget, avec les fonds du trésor, pour une somme annuelle de...................... 215,000

Ainsi la somme disponible, annuellement pendant quinze années, serait de................................... 295,000

Mais comme les travaux devront être exécutés en quatre ans, et coûteront chaque année, d'après les calculs établis plus haut... 750,000

Il y aura chaque année, entre la recette et la dépense, une différence de.............................. 455,000

Et au bout des quatre ans, la dépense aura excédé la recette d'une somme égale à quatre fois 455,000 fr., ci...... 1,820,000

L'accumulation des intérêts vient encore accroître ce capital ; en admettant l'hypothèse de l'intérêt le plus élevé qu'il soit possible de supposer, et qui, nous l'espérons, ne se réalisera pas, la dette contractée serait, au bout de quatre ans, après l'achèvement des travaux, de la somme de 2,104,954 fr.

Dans la même supposition, les calculs établissent que la prestation annuelle de la somme de 295,000 fr. devrait être continuée pendant onze années entières, pour atteindre le terme de l'amortissement. Ainsi la ville de Dunkerque, le département du Nord et l'État, s'engageront à supporter pendant quinze années successives, les charges déjà annoncées; mais comme on doit se flatter d'obtenir sur le taux de l'intérêt des conditions plus favorables, le projet de loi porte que, si l'extinction du capital avait lieu avant l'expiration de quinze années, les caisses chargées de pourvoir au paiement annuel de la somme de 295,000 fr., cesseraient de plein droit leurs versemens respectifs à dater du jour où l'emprunt serait remboursé en intérêts et principal.

Le Gouvernement vient, en conséquence, demander l'autorisation de créer trois mille actions de 1,000 francs chacune, dont la négociation fournira les capitaux nécessaires à l'accomplissement des projets approuvés. Les détails dans lesquels nous sommes entrés suffisent pour démontrer avec évidence que la totalité de ces actions sera éteinte et retirée de la circulation, au plus tard dans un laps de quinze années : mais la situation actuelle de notre crédit, la faveur accordée aux effets du trésor nous permettent d'espérer que le terme de notre libération sera plus prochain.

Vous remarquerez, Messieurs, que les fonds que l'État doit fournir en quinze années, ne représentent, sauf une faible différence, que la dépense effective des travaux, tandis que les intérêts des capitaux se trouveront couverts par la cotisation de la ville de Dunkerque et du département du Nord : le Gouvernement obtiendra donc l'avantage d'exécuter en quatre années des ouvrages indispensables, urgens, et qui sont à la charge de l'État. On sait, d'ailleurs, que l'exécution de ces sortes d'ouvrages coûterait beaucoup plus cher, si le travail se prolongeait pendant un tems plus long.

Ainsi, dans quatre ans, la ville de Dunkerque recouvrera l'activité du commerce maritime; les bâtimens de toutes les nations pourront fréquenter de nouveau les bassins de son port, et viendront même accroître le produit des droits qui s'y perçoivent au profit du trésor.

Espérons que l'exemple de l'intervention municipale et départementale qu'offre la ville de Dunkerque et le département du Nord, dans cette circonstance, excitera l'émulation des administrations locales qui verront que leur participation aux travaux d'intérêt général, dont profitent en premier ordre les pays auxquels elles appartiennent, provoquera de nouveaux efforts de la part du Gouvernement.

Le port de Dunkerque jouissait avant la révolution d'une franchise que les intérêts de l'industrie française ne permettent pas de lui accorder aujourd'hui ; mais si nous ne pouvons restituer à une ville aussi intéressante un avantage incompatible avec le système actuel de notre administration, nous lui devons, au moins, d'entretenir ses établissemens maritimes, de relever ses ouvrages abattus ou dégradés, et de faire sortir de ses ruines un port aussi célèbre dans les annales de notre commerce et de notre marine.

PROJET DE LOI.

LOUIS, par la grâce de Dieu, ROI DE FRANCE ET DE NAVARRE, A tous ceux qui ces présentes verront, salut.

Nous avons ordonné et ordonnons que le projet de loi dont la teneur suit, soit présenté à la Chambre des Députés par notre Ministre secrétaire d'Etat au département de l'intérieur, par le sieur Becquey, conseiller d'Etat, directeur-général des ponts et chaussées et des mines, par le sieur Dupleix de Mézy (1), conseiller d'Etat, directeur-général des postes, que nous chargeons d'en exposer les motifs et d'en soutenir la discussion.

ARTICLE PREMIER.

Le Gouvernement est autorisé à créer trois mille actions de 1,000 francs chacune, à l'effet de pourvoir à la dépense des travaux nécessaires au rétablissement du port de Dunkerque, lesquels travaux sont évalués à 3 millions.

ART. 2.

Seront affectés au service des intérêts et au remboursement du capital :

1.° 215,000 francs qui seront prélevés annuellement pendant quinze ans sur le budget des ponts et chaussées ;

---

(1) M. de Mézy, député et ancien préfet du Nord, ne laisse échapper aucune occasion d'être utile à ce beau département et particulièrement à la ville de Dunkerque qui conservent le plus honorable souvenir de son excellente administration.

2.° Une somme annuelle de 40,000 francs qui sera portée pendant quinze ans au budget du département du Nord, conformément à la délibération du conseil général, en date du 8 août 1820;

3.° Une somme annuelle de 40,000 francs, qui sera portée pendant quinze ans au budget de la commune de Dunkerque, conformément à la délibération du conseil municipal, en date du 15 juillet 1820.

ART. 5.

Les cotisations respectives de la ville de Dunkerque, du département du Nord et du Gouvernement, fixées, au *maximum*, à une durée de quinze années, cesseront de plein droit à dater du jour où l'emprunt sera remboursé en capital et intérêts.

Donné à Paris, en notre château des Tuileries, le onzième jour du mois de mai, de l'an de grâce mil huit cent vingt-un, et de notre règne le vingt-sixième.

Signé L O U I S.

Par le Roi :

Le Ministre secrétaire d'Etat de l'intérieur,

Signé S I M É O N.

Séance du vendredi 17 mai 1821.

MONSIEUR le comte DE BÉTHIZY, Député du Nord, au nom de la commission centrale chargée d'examiner le projet de loi relatif à l'emprunt pour la réparation du port de Dunkerque, fait le rapport suivant :

MESSIEURS,

Chargé par la commission de vous faire un rapport sur le projet d'emprunt relatif à la restauration du port de Dunkerque, je n'abuserai pas de vos momens, les considérans du projet en ayant déjà dit assez pour vous prouver la nécessité de la loi proposée.

La ville de Dunkerque, si industrieuse, si nécessaire au commerce du Nord, et se liant maintenant par les canaux nouvellement construits, à celui de tout le royaume, est peut-être la ville de France qui a été le plus le jouet des événemens et de la politique; qui a été subitement dans l'état le plus florissant et dans la plus grande détresse, sans que toutes ces vicissitudes aient jamais détruit le courage des habitans, leur inaltérable attachement pour la patrie et leur dévouement à la famille de nos Rois.

Les avantages attachés à la position de Dunkerque ne pouvaient échapper au génie de Colbert. Ce port, à l'entrée de la mer du Nord, à une égale distance de la Baltique et de la Méditerranée, passage nécessaire des vaisseaux qui se rendent de l'Océan dans les mers du Nord, et des mers du Nord dans l'Océan; ce port dont la rade est une des meilleures qu'il y ait, et dont la force s'accroît des difficultés qu'elle présente, ce port est en face de l'Angleterre, appelle son commerce en tems de paix, et le menace en tems de guerre.

Tous ces avantages et beaucoup d'autres, qu'il serait trop long de vous détailler, déterminèrent le grand Roi à acquérir une ville aussi importante. Le 25 octobre 1662, le traité fut conclu pour le prix de cinq millions, et Louis XIV, dès le mois suivant, accorda au port de Dunkerque, cette franchise qui, tant qu'elle a duré, en a fait une des villes les plus florissantes du monde.

Les Anglais ne tardèrent pas à s'apercevoir de la faute immense qu'ils avaient commise, et vous savez tous, Messieurs, les efforts qu'ils n'ont cessé de faire depuis cette époque, pour la destruction du port de Dunkerque.

Le 2 décembre 1662, Louis XIV prit possession en personne de la ville de Dunkerque; il y décida des dépenses énormes; il ne trouvait aucun sacrifice trop considérable pour l'importance de cette conquête; pour le bien que la France en devait retirer, pour lui en assurer la possession : voulant conserver à Dunkerque ses moyens de gloire et de prospérité, car le Flamand unit la bravoure à l'industrie. En même tems qu'il faisait fortifier la ville par Vauban, il faisait creuser un bassin assez large pour contenir à flot trente gros vaisseaux de guerre, une superbe corderie, des chantiers de construction, des magasins, enfin tous les bâtimens nécessaires. Un banc de sable barrait l'entrée du port; il fut percé; des jetées furent construites; l'écluse de Bergues fut restaurée. Dunkerque répondit à toutes les espérances du Roi; en peu d'années, son commerce prospéra au point que les négocians de cette ville y employaient soixante-dix bâtimens à eux, et une égale quantité de bâtimens étrangers; tous les peuples du nord affluaient dans son port. Et combien son existence ne se lie-t-elle pas davantage maintenant au commerce et à la prospérité de toute la France; depuis que tant de routes ont été percées, tant de canaux construits, particulièrement celui de la Sensée, et celui de Saint-Quentin. Dunkerque est le port spécial de la ville de Lille, si florissante par son industrie, l'activité et la loyauté reconnue de ses habitans : Dunkerque est indispensable au département du Nord et, à ceux qui l'entourent, si riches en productions de toute espèce. Dunkerque communiquant par le canal de Saint-Quentin avec Paris, est nécessaire au commerce de toute la France. Je reviens, Messieurs, à des malheurs qui, j'espère, ne reviendront jamais. A cette époque où Dunkerque fut bien plus à plaindre encore qu'à présent; car, pour des Français, l'humiliation est plus difficile à supporter que la misère. Après neuf ans de la guerre de la succession d'Espagne en 1709, il fut dit au parlement d'Angleterre : « *Que la guerre ayant coûté tant de sang et de trésors* » *à la nation anglaise, il était juste qu'elle en retirât quelque fruit.* » *Que lorsqu'on viendrait à traiter, on devait insister à la démolition* » *des fortifications de la ville de Dunkerque, et à la ruine de son* » *port, qui causait tant de perte au commerce anglais.* »

Le parlement adopta cet avis; le 25 mai 1709, des propositions furent faites à Louis XIV, qui les rejeta. En 1710 et 1711, les Anglais, encouragés par les succès de l'armée alliée, renouvelèrent plusieurs fois les mêmes propositions, mais elles furent encore rejetées.

Enfin l'importance que les Anglais attachaient à la destruction du port de Dunkerque était si grande, que la reine Anne promit à Louis XIV que s'il voulait consentir à remettre Dunkerque, elle ferait de suite sa paix particulière, et que ses troupes quitteraient l'armée des alliés. Dunkerque devait être et fut sacrifié au salut de la France........ Le 17 juillet 1712, les Anglais quittèrent l'armée alliée, et, le 19, Dunkerque fut remis à un gouverneur anglais.

Le malheur, la ruine, l'humiliation, vinrent en un seul jour remplacer la plus grande prospérité! Mais, Messieurs, combien la France ne doit-elle pas, ne devra-t-elle pas éternellement de réparations, de dédommagemens pour ces jours de malheurs, puisque le résultat de l'abandon de Dunkerque, et du départ des Anglais de l'armée alliée, fut la victoire de Denain, la prise de

Marchienne, la levée du siége de Landrecies, la prise de Douai, Mortagne, Saint-Amand, Bouchain, le Quesnoy, enfin le traité d'Utrecht qui assurait à la Maison de Bourbon le trône d'Espagne.

Depuis cette époque jusqu'en 1778, les Dunkerquois ne cessèrent de combattre tous les genres d'adversités ; à mesure qu'un ouvrage était détruit, les habitans le remplaçaient à leurs frais par un autre. Ils creusèrent le canal et le chenal de Mardick, et tentèrent d'y créer un nouveau port. Ils rétablirent plusieurs fois les jetées, continuèrent par intervalles leur commerce, ayant sans cesse à lutter pendant la guerre, contre les flottes ennemies, pendant la paix, contre les commissaires ennemis; enfin, pendant ce long espace de tems, ils perdirent bonheur, fortune, indépendance, et l'on peut dire qu'ils ne conservèrent que le courage, l'espérance et la volonté de rester Français.

Enfin la guerre vint délivrer à jamais Dunkerque de l'oppression, et lui faire recouvrer en peu d'années son ancienne splendeur. Je ne vous détaillerai pas, Messieurs, tous les hauts-faits d'armes des Dunkerquois en tems de guerre, toute la prospérité du commerce en tems de paix : pour en avoir une juste idée, il vous suffira de savoir que, pendant la guerre de l'Amérique, les corsaires de Dunkerque firent mille deux cent cinquante prises, estimées plus de 25 millions ; que, dans l'année 1790, Dunkerque employa deux cent quatorze bâtimens à la pêche du hareng, de la morue, de la baleine, et que les produits en furent évalués 5,505,000 francs; qu'en 1789, il entra dans le port mille quatre cent quatre-vingt-dix-neuf gros bâtimens, tant français qu'étrangers et mille cent trente petits.

Eh bien, Messieurs! Ce port jadis si florissant, ce port dont Louis XIV et Colbert avaient si bien apprécié toute l'importance, ce port si utile au commerce et à la marine, est tombé dans un tel état de destruction, qu'il faut attendre une grande marée pour y faire entrer un bâtiment de deux cent cinquante tonneaux, et que l'année prochaine, si les travaux ne commencent pas sur-le-champ, un misérable bateau pêcheur ne pourra peut-être plus pénétrer dans ce port, d'où Jean-Bart monté sur les vaisseaux du Roi, sortait pour combattre et vaincre les ennemis de la France!

L'exposé des motifs du projet de loi vous ayant détaillé l'état de dégradation du port, je ne vous dirai qu'un mot sur les moyens que l'on compte employer pour le rendre à la vie. Jadis, deux fois par jour, la mer couvrait les vastes plaines qui entourent Dunkerque, et deux fois par jour un immense courant traversait le port, ouvrait le chenal et entretenait les passes de

la rade. Des travaux considérables commencés en 1169, détruits plusieurs
fois, toujours recommencés avec une constance admirable, et terminés
maintenant, ont rendu 58,880 hectares à la culture, et arrêté la mer à
la dernière écluse de Dunkerque. Pour désensabler l'entrée du port, il
faut donc remplacer ces grands courans naturels, par un bassin qui sera
placé à l'ouest, entre le port et un fort qui en défend l'entrée.

D'après la longueur et la largeur du chenal, ce bassin ne peut pas avoir
moins de 330,000 mètres carrés; il se remplira par la marée montante et
produira, à marée basse, l'effet des courans naturels; les quais seront réparés,
le port nettoyé, les jetées rétablies.

Pour arriver à tous ces résultats, Messieurs, 3 millions sont jugés nécessaires, et quoique l'entretien et les travaux des ports aient toujours été à la
charge de l'État, le conseil-général du département du Nord, convaincu
de l'urgente nécessité de rendre à la France et au commerce le port de
Dunkerque, a voté, à l'unanimité, 600,000 francs. La ville de Dunkerque,
dont la population s'est réduite de trente mille âmes à vingt-trois mille ;
dont le commerce est détruit; dans laquelle les maisons se donnent pour
rien ; que la perte de sa franchise a ruinée ; la ville de Dunkerque, habituée
aux sacrifices et à l'espérance, donne 600,000 fr.

Le projet de loi a été adopté à l'unanimité par votre commission. On a
pensé que le taux de l'intérêt ne pouvait pas être fixé; car ce serait peut-être
ôter au Ministre les moyens de traiter aux taux les plus avantageux. Le
réglement des intérêts est une chose purement administrative. Dans une
loi rendue dernièrement et bien plus importante, celle des annuités, vous
avez laissé le Ministre régler les intérêts. Au reste, Messieurs, le projet de
loi répond à toutes les objections, puisqu'il fixe qu'en quinze ans au plus,
il ne peut pas être dépensé plus de 1,200,000 fr. provenant du département
et de Dunkerque, et 3,225,000 francs pris sur le budget des ponts et chaussées.
Les emprunts ne seront faits qu'au fur et à mesure des besoins, c'est-à-dire,
en quatre ans, terme fixé pour l'achèvement des travaux.

Il ne me reste plus, Messieurs, qu'à vous demander, au nom de la
commission, qui en a senti toute la nécessité, et d'une ville qui, par ses
malheurs, son courage, sa constance à soutenir l'adversité, et le sang que
ses habitans ont versé pour la gloire de la France, mérite tout votre
intérêt, de vous occuper le plutôt possible du projet de loi qui vous
est présenté; demandée par le département, la ville et les ingénieurs de
Dunkerque, travaillée avec soin par M. le Directeur général des ponts

et chaussées, soumise au conseil d'Etat et aux Ministres, adoptée à l'unanimité par votre commission, nous ne pensons pas que cette loi entraîne de longs débats dans la Chambre. La saison des travaux est commencée ; chaque jour que nous perdons est perdu pour un an ; chaque jour le port se ferme, les dégradations augmentent, et si, ne vous occupant pas de suite de cette loi, vous forcez le renvoi des travaux à l'année prochaine, il en coûtera peut-être un million de plus à l'Etat, et aux habitans de Dunkerque un an de plus de malheur et de désespoir ; car la mer les appelle, et en tems de paix ils sont bloqués dans leur port. Messieurs, leur sort dépend de vous ; en peu d'heures vous pouvez les rendre à l'espérance et leur faire oublier, car le mal s'oublie vite, que pendant de longues années ils ont subi le joug d'un commissaire étranger, que depuis plusieurs années leur commerce est détruit.

Séance du vendredi 1.er Juin.

L'ORDRE du jour appelle la discussion sur le projet de loi relatif aux travaux du port de Dunkerque.

M.r BEAUSÉJOUR : Messieurs, Dunkerque faisait autrefois partie des possessions espagnoles dans les Pays-Bas. Turenne, aidé de six mille Anglais, s'en rendit maître après la bataille des Dunes : elle fut remise à l'Angleterre en exécution du traité qui accordait les six mille hommes.

Charles II, prince faible et voluptueux, préférant ses plaisirs aux véritables intérêts de l'Etat, la vendit à Louis XIV moyennant 5,000,000 fr.

Plus d'une fois les adresses des deux Chambres ont exprimé leurs regrets de cette cession ; et les Anglais, qui en connaissaient toute l'importance, la reprochent encore aujourd'hui à sa mémoire.

Louis XIV la connaissait aussi ; il accorda à cette ville des franchises, des libertés, des priviléges ; il y fit des établissemens maritimes considérables ; elle devint bientôt florissante et redoutable.

Par suite de la guerre de la Succession, guerre malheureuse, entreprise pour la seule vanité de Louis XIV, guerre dans laquelle on vit le grand Prince survivre à sa fortune, à sa gloire, au grand siècle ; la France, épuisée pour des intérêts qui n'étaient pas les siens ; des intérêts particuliers à la famille régnante, dont les Espagnols, nés libres, n'étaient pas la propriété : la France fut réduite, comme on le sait, à accepter les conditions de paix les plus humiliantes, les plus honteuses : l'une de ces conditions fut la démolition et le comblement du port de Dunkerque qui ne pouvait être rétabli.

A la suite de la guerre plus juste, mais tout aussi malheureuse, dans laquelle, par l'impéritie des ministres d'alors et la faiblesse du Roi, nous perdimes avec le Canada la pêche de Terre-Neuve, Dunkerque fut de nouveau vouée à la destruction; elle éprouva de plus l'humiliation de voir dans ses murs un commissaire anglais, chèrement payé par notre gouvernement, pour veiller à ce qu'on ne le rétablît pas.

La guerre de 1778 vint à la vérité l'affranchir de cette servitude : avec la liberté cette ville reprit un peu de vie; sa prospérité tenait à l'indépendance de son commerce, à la franchise de son port, à la faveur que lui avait autrefois accordée Louis XIV et les ministres habiles de son règne.

Ils savaient, ces ministres, que la véritable grandeur des Rois consiste à favoriser le développement de l'industrie et du commerce des nations qui leur ont confié leurs intérêts, à protéger leur liberté et non à les opprimer; ils savaient que ce n'est pas par des restrictions, par des lois d'exception, par l'arbitraire qu'on les rend heureuses; ils savaient surtout que ce n'est pas en dilapidant les deniers publics qu'on les enrichit, mais que c'est au contraire en procurant du travail à tous par leur économie.

Depuis la guerre de 1778, Dunkerque, vous dit votre rapporteur, s'était un peu relevée de son abaissement; la cause en est simple : à cette époque, le principal ministre marchait sur les traces de Colbert, de Sully (M. Necker); il suivait une direction contraire à celle de ses prédécesseurs, contraire à celle d'aujourd'hui; il favorisait le commerce.

Dans ce moment, nous dit-on, Dunkerque est tombé dans la misère, la détresse, la langueur, et menacé d'une destruction prochaine : je le crois facilement, mais ces calamités ne sont pas produites, comme on le dit, par l'envasement de son port, auquel on nous propose de remédier.

L'envasement du port n'est que l'effet et non la cause de cet état; Dunkerque a cela de commun avec toutes nos villes maritimes; toutes sont dans la même situation : Nantes, Bordeaux, Marseille, Saint-Malo, La Rochelle, n'éprouvent pas un meilleur sort; la cause de leurs calamités est la même.

La Rochelle, jadis libre, puissante et riche, pendant qu'elle avait des droits politiques, armait des flottes, couvrait la mer de ses vaisseaux; plus d'une fois elle fut en état de donner à nos Rois des secours puissans et nécessaires contre les ennemis de l'Etat.

Marseille autrefois dominait la Méditerranée, attirait les richesses de l'Orient.

Bordeaux jouissait de la plus haute prospérité.

Saint-Malo, dans un besoin pressant de la patrie, donna à Louis XIV une somme énorme, fruit des richesses acquises par le commerce.

Aujourd'hui toutes ces villes sont de vastes déserts; toutes sont plongées dans la misère, menacées de ruine, de destruction absolue; leur population dépérit; elle n'a plus d'activité, plus de travail, sans lequel elle ne peut exister.

En attribuant leur ruine au comblement de leurs ports, nous prendrions l'effet pour la cause; cette ruine tient à un mal auquel nous ne pouvons pas remédier par des écluses.

Le comblement du port de Dunkerque, ainsi que celui de tous les ports de marée, qui ne sont pas entretenus par le courant des vastes rivières sur lesquelles ils se trouvent situés, s'effectue par le dépôt successif des vases que la mer y apporte deux fois par jour. Sur nos côtes de l'ouest, ces dépôts sont si abondans que les plus beaux bassins, les plus beaux ports se comblent en peu d'années, les plages les plus vastes s'exhaussent bientôt au-dessus des eaux; l'aggrégation de ces vases forme ce qu'on nomme alluvions, laisses de mer, sol fertile et malsain qui ne demande pour être productif que des bras et des capitaux, dont souvent il manque par les mêmes causes qui ruinent les villes.

Ces vases se déposent constamment; mais, quand l'activité du commerce vivifie les ports, journellement remuées par le passage et le mouvement continuel des bâtimens, elles restent fluides, ne peuvent acquérir la consistance qui les rend inaccessibles à l'eau, et cette eau les remporte en grande partie en se retirant. Si on l'aide alors par quelques faibles moyens, soit par des eaux supérieures qui s'écoulent naturellement, soit par des eaux retenues au moyen d'écluses de chasse, on les débarrasse, chaque marée, des vases que la marée précédente y avait déposées; ils continuent à rester praticables.

Si, au contraire, par suite d'un mauvais système d'administration, par les vices du gouvernement, par l'instabilité de ses résolutions, l'ambiguité de sa marche, le défaut de protection suffisante au dehors, le commerce est détruit; s'il cesse d'exister, si enfin il s'est retiré dans d'autres contrées, vous tenteriez vainement, même par des travaux d'art, de faire et d'entretenir des ports vastes et profonds; la nature plus puissante que l'art les comblera en peu d'années. Dans cette situation, les écluses de chasse n'entraîneront de vases que la largeur du canal nécessaire à l'écoulement de leurs eaux ; elles ne peuvent emporter celles qui sont hors de la sphère de leur activité : celles demeurées sédentaires et immobiles; les ports ne présenteront bientôt plus que le spectacle d'une vaste solitude infecte, autour de laquelle les restes de la population jadis riche, heureuse et puissante, se traînent encore par habitude, dans l'espoir d'un meilleur avenir.

Tel est le sort de Dunkerque; tel est celui de Saint-Malo; tel est celui de la Rochelle, villes autrefois riches, puissantes et heureuses, où la liberté donnait de l'essor à l'industrie; aujourd'hui, désertes, abandonnées, pauvres et malheureuses, où quelque reste de population languit encore en attendant ce meilleur avenir, promis depuis si long-tems et jusqu'ici différé.

Toutes nos villes maritimes sont dans la même situation ; toutes sont menacées d'une destruction prochaine, si l'on ne vient promptement à leur secours.

Mais, Messieurs, pour rendre une ville maritime florissante il ne suffit pas, comme on l'a pensé jusqu'ici, de décréter de superbes établissemens, de magnifiques constructions dans ses murs. Il faut encore que le commerce et l'industrie puissent les utiliser ; il faut que la liberté, la confiance les y fixent.

Le commerce, et le commerce maritime surtout, vaste et indépendant de sa nature, exposé, plus que toute autre profession, aux caprices de la fortune, veut être absolument libre : ayant besoin de disposer de grands capitaux, d'un grand crédit et de beaucoup de secret pour ses opérations, il redoute extrêmement de se trouver exposé aux recherches d'une police inquisitoriale et soupçonneuse; il fuit les exactions d'une fiscalité oppressive; il évite les lenteurs d'une administration incertaine. Il faut qu'il puisse dormir en paix ou veiller quand il lui plait, être assuré du lendemain.

Il faut encore que ses spéculations, indépendantes des caprices du Gouvernement, et à l'abri de l'arbitraire du fisc, puissent s'établir sur des bases fixes, des règles invariables, des lois immuables.

Sans la confiance et la liberté, fruit de la stabilité des institutions, point de commerce; leur instabilité les détruit : il fuit sans retour les lieux où il ne peut jouir de ces avantages; il porte ses vues et ses capitaux vers d'autres contrées ; il abandonne une terre inhospitalière qui lui refuse les garanties nécessaires à sa sécurité. Tous les efforts du Gouvernement pour le retenir sont infructueux.

Jusqu'ici ces garanties n'ont été pour nous que des promesses sans effet.

Le gouvernement actuel de Saint-Domingue reconnaissait la propriété des anciens colons ; il voulait leur payer le tiers de la valeur de leurs habitations : on l'a refusé dédaigneusement. Il a offert de renouveler les anciennes relations qui existaient jadis entre la colonie et la métropole ; de conclure avec la France un traité de commerce plus favorable qu'avec aucune autre nation ; il n'a pas été plus favorablement reçu.

Les nations indépendantes de l'Amérique méridionale nous ont proposé d'entrer en relation avec elles, de nous ouvrir leurs ports; on les a repoussées avec indignation et avec menace ; les ordres les plus précis et les plus rigoureux ont été donnés à cet effet sur nos côtes.

Par l'excès des droits de tonnage, on nous a interdit toute relation avec l'Amérique septentrionale; toute communication avec un pays si vaste, nous devient impossible.

Le cabotage est ruiné, détruit par l'excès des droits de consommation ; enfin notre commerce maritime ne trouvant plus de débouché dans le monde pour exercer son activité, est obligé de périr faute d'aliment.

Si, au lieu de suivre aveuglément les principes de la politique erronée qui l'ont dirigé jusqu'ici, notre gouvernement en eût adopté une plus conforme à nos intérêts; si au lieu de refuser il eût accepté les propositions avantageuses faites à diverses reprises par celui de Saint-Domingue; si au lieu de repousser comme des ennemis dangereux les bâtimens et les agens des nations indépendantes de l'Amérique méridionale, il les eût accueillis, les deux mers de cette immense péninsule nous seraient ouvertes; le commerce de Saint-Domingue, après lequel nous aspirons, qu'on nous proposait, qu'on nous offrait même aux conditions les plus favorables, nous serait rendu.

Par ces moyens, Messieurs, on nous eût mis en relation avec ces peuples nouveaux, dont les besoins offraient des débouchés si vastes et si avantageux à nos fabriques; des voyages si profitables, des retours si productifs à notre commerce, un champ si beau et si étendu à nos marins, un moyen si lucratif d'exercer leurs talens, d'employer leur savoir et leur activité. Si enfin, au lieu de ces tarifs exhorbitans, de ces prohibitions de toute espèce qui paralysent tout, on en eût adopté de plus modérés; si l'on eût diminué les impositions excessives sous lesquelles succombe la classe pauvre et industrieuse de la nation, la consommation aurait augmenté, et l'on ne verrait pas aujourd'hui nos villes maritimes désertes et ruinées, nos ports comblés par les vases, nos chantiers de construction abandonnés et cachés sous l'herbe, nos marins oisifs et misérables, notre commerce maritime nul, notre prospérité continuellement décroître, notre numéraire disparaître et notre existence politique elle-même menacée d'une destruction prochaine.

Voilà, Messieurs, l'origine des maux sous lesquels succombent toutes nos villes maritimes; ils ne sont pas particuliers à celle de Dunkerque.

Malgré que, d'après ce qui vient d'être dit, la cause immédiate de la pauvreté et de la misère de Dunkerque ne soit pas dans le comblement de son port, mais dans la perte de son commerce, qui ne sera pas rétabli par les travaux proposés, cependant le zèle qu'elle témoigne ainsi que le département du Nord pour concourir à son rétablissement, en donnant une nouvelle preuve de l'activité et du patriotisme de leurs habitans, ne peut que faire désirer qu'on leur procure les moyens de l'utiliser et de porter leur activité au dehors par l'adoption des mesures propres à rétablir ce port en même tems que le commerce.

Quant au mode proposé pour en couvrir la dépense, il me paraît extrêmement vicieux;

1.º Parce que, dans le projet de loi, on fait concourir la ville de Dunkerque et le département du Nord chacun pour une somme de 600,000 fr., à une dépense purement d'intérêt général, qui doit être payée en entier par le trésor public. Cette contribution est évidemment un moyen détourné d'accroître le budget; un moyen de lever, tant sur la ville que sur le département, une imposition supplémentaire de 1,200,000 francs, dont l'exemple dangereux doit être repoussé.

2.º Chacun ne doit contribuer aux dépenses générales que pour sa portion afférente dans les contributions publiques : dans ce cas-ci, la ville de Dunkerque y contribuerait trois fois. D'abord, comme contribuant aux dépenses générales de l'État : puis, imposée comme faisant partie du département du Nord ; et enfin, par une imposition particulière égale à celle de la totalité du département. Rien n'est plus injuste qu'une pareille mesure ; rien n'est plus contraire au rétablissement d'une ville ruinée par les causes que j'ai indiquées.

Je propose donc, dans l'intérêt de cette ville, du département du Nord, et du commerce en général, de décider que cette ville et le département ne feront que l'avance des 1,200,000 fr. à leur charge, et qu'il leur en sera tenu compte sur les contributions successives qu'ils paient annuellement,

22

c'est-à-dire qu'il sera tenu compte à la ville de Dunkerque et au département du Nord de 40,000 fr. pour chaque, sur les contributions générales de l'Etat, lesquels seront employés à l'acquit des actions qu'on nous propose de créer, et dont il sera tenu compte au receveur-général de ce département, par le trésor royal, dans son versement.

Comme il serait aussi fort inutile et fort injuste de payer trois ans d'avance les intérêts d'un capital dont on ne ferait pas usage, et qu'on ne doit y employer que 750,000 francs par an, je propose de n'émettre que pour cette somme d'actions chaque année, puisqu'elle suffit aux travaux, au lieu de 5 millions demandés dès la première.

M.ˡ POTTEAU D'HANCARDERIE. Messieurs, la proposition qui vous est soumise de donner au Gouvernement les moyens de rétablir le port de Dunkerque, intéresse tous les amis de la gloire et de la prospérité françaises : à ce double titre, Messieurs, vous n'hésiterez pas à l'accueillir.

En effet, nos annales, nos traités, tout atteste l'importance de ce port ; et le zèle qu'une nation rivale a montré pour sa destruction, prouve assez le haut prix que nous devons attacher à son rétablissement.

Je ne vous rappellerai pas les faits historiques qui ont rendu le port de Dunkerque à jamais célèbre, et les immenses avantages qu'en ont retirés notre commerce et notre marine. L'honorable rapporteur de votre commission vous les a retracés avec beaucoup de talent, et tiré la juste conséquence qu'il importait à la France entière de faire sortir de ses ruines un établissement aussi précieux.

Mais, à tant de souvenirs glorieux qui parlent en faveur de la proposition qui vous est faite, on peut encore ajouter d'autres considérations puissantes prises dans notre situation présente.

Notre marine est à créer, et l'on sait combien la patrie de Jean-Bart lui a fourni jadis de matelots intrépides et expérimentés. N'en doutez-pas, Messieurs, lorsque le port sera, comme autrefois, accessible à tous nos vaisseaux de commerce, vous verrez les nombreux habitans de cette côte embrasser avec joie une profession qui leur fut toujours chère, et à laquelle ils sont aujourd'hui forcés de renoncer. Ils iront dans les mers du nord porter les produits de notre agriculture et de notre industrie ; ils se livreront à la pêche de la baleine souvent si productive, et entreprendront, comme jadis, ces voyages de long cours qui seuls forment les vrais marins.

Il est donc incontestable qu'en votant le projet de loi, vous assurez de nouvelles ressources à notre marine, vous ranimez le commerce extérieur qui a besoin de tant d'encouragement, et par une suite nécessaire, vous augmentez l'activité de nos fabriques et de notre industrie en ouvrant un débouché à tous nos genres de produits.

Un autre motif également déterminant, c'est le rapport nécessaire qui existe entre la restauration du port de Dunkerque, et l'ouverture des canaux qui font, en ce moment, l'objet de l'attention du Gouvernement. Connaissant les immenses avantages qui doivent résulter de la facilité des communications et d'une bonne navigation, il s'est occupé avec zèle de cette partie importante de l'administration. Un travail considérable a été fait et déjà on a mis sous vos yeux un plan de navigation intérieure qui paraît obtenir l'assentiment général. Tous les travaux projetés, quelqu'étendus qu'ils soient, peuvent, au moyen du système qui semble prévaloir avec raison aujourd'hui, celui des concessions, être achevés en peu d'années. Mais à quoi serviront alors les canaux qu'on se propose d'ouvrir dans la région du nord ? ou du moins quel degré d'utilité auront-ils, s'ils n'aboutissent à un port praticable, si Dunkerque n'est pas relevé de ses ruines ?

Tout, dans cette question, Messieurs, me paraît se réunir pour mériter votre suffrage. En effet, quelle objection pourrait-elle rencontrer ?

On ne prétendra pas discuter la nature des travaux. Les plans et devis qui ont été adoptés par l'administration des ponts et chaussées sont le résultat de l'examen et des calculs des ingénieurs les plus habiles et des marins les plus expérimentés. Ils doivent donc nous inspirer toute confiance.

Quant aux moyens de pourvoir à la dépense, tout est prévu ; le département du Nord et la ville de Dunkerque y concourent, chacun pour une somme de 600,000 fr., et l'administration des ponts et chaussées fournira sur son budget l'excédant nécessaire. Je dois faire remarquer ici que le Gouvernement ne fait, en cette occasion, qu'une avance, car il est évident que, lorsque Dunkerque aura recouvré son port, la somme mise aujourd'hui à la charge du trésor ne tardera pas à rentrer dans ses coffres au moyen de l'augmentation des produits des douanes, des droits de tonnage et des contributions en tous genres.

Cependant une observation a été faite dans le sein de la commission et elle peut être reproduite à cette tribune. Elle consiste à demander que l'intérêt soit réduit à un taux inférieur à celui que semble indiquer le projet.

Je ne pense pas qu'on puisse appliquer ici ce qui a été dit dans des discussions précédentes ; car il ne s'agit pas d'un emprunt qui doit être conclu immédiatement et remboursable en peu d'années. On emprunte pour quinze ans; comme il en faudra quatre pour exécuter les travaux, il est probable que les actions ne seront mises en circulation qu'au fur et à mesure des besoins, et il est impossible de prévoir les évènemens qui, dans cet espace de tems, peuvent changer le taux de l'intérêt.

Si l'on demande qu'on admette la concurrence pour le placement des actions, je répondrai qu'il ne s'agit pas de traiter avec une compagnie; il me paraît que le Gouvernement doit négocier les actions comme il négocie les bons royaux, au meilleur marché possible, et je ne crois pas qu'il soit nécessaire d'en faire un article de loi. Ce qui est essentiel, c'est de donner au Gouvernement les moyens d'exécuter promptement et de ne point l'exposer au danger de voir les travaux suspendus faute d'argent; car vous le savez, Messieurs, les ouvrages à la mer doivent être poussés avec activité et sans interruption, parce que les fortes marées, les vents de l'équinoxe, peuvent détruire, en un instant, ce qu'il a fallu plusieurs mois pour construire, et il n'y a pas de meilleur encouragement pour l'entrepreneur que la certitude d'être payé exactement.

Laissons donc au Gouvernement toute la latitude qu'exige la nature de l'opération; son intérêt est de ménager le trésor et de vous présenter des comptes qui méritent votre approbation.

S'il n'était démontré jusqu'à l'évidence que notre commerce, notre marine et la France entière, doivent retirer de grands avantages du rétablissement du port de Dunkerque, je vous présenterais, pour dernière considération, le tableau d'une ville autrefois florissante, et qui voit aujourd'hui sa population réduite à la misère; d'une ville toujours fidèle, toujours dévouée, et qui, dans sa détresse, donne encore une nouvelle preuve de son patriotisme, en s'imposant un sacrifice énorme, pour concourir à une dépense qui devrait être toute entière à la charge de l'Etat.

Au reste, personne de vous, Messieurs, n'ignore ce que Dunkerque fut jadis, et ce qu'il est maintenant, et vos sentimens de justice et d'équité envers une ville célèbre et malheureuse, étant d'accord avec les vues qui vous animent pour le bien général, vous ne balancerez pas, sans doute, à voter comme moi en faveur du projet de loi.

M.ᵣ DE VAUBLANC. Je n'ai demandé la parole que pour présenter une courte réflexion sur un objet de la plus haute importance. Je lis dans le rapport de M. le ministre de l'intérieur : « Le port de Dunkerque jouissait avant la révolution de la franchise que les intérêts de l'industrie française ne permettent pas de lui accorder aujourd'hui. Cet avantage est incompatible avec le système actuel de notre administration. » Je reconnais que, sur un objet de cette importance, les opinions peuvent être partagées ; mais ici la question est tranchée d'une manière formelle avec tout le poids de l'autorité ministérielle. Ainsi, Messieurs, vous ne trouverez pas extraordinaire qu'on y oppose quelques observations, afin qu'un silence général n'ajoute pas au poids de l'autorité du ministère.

M. le Ministre de l'intérieur : Ce n'est pas l'autorité du ministère ; c'est l'autorité des lois.

M. de Vaublanc. Je ne connais pas de lois qui aient déclaré que la franchise d'un port était incompatible avec l'industrie. C'est une assertion que M. le ministre a mise en avant. Nous aurions donc à examiner si l'industrie française a souffert dans le tems où le port de Dunkerque jouissait de la franchise. En 1816, lorsque je fus chargé de présenter à la Chambre un projet de loi pour rendre au port de Dunkerque sa franchise, ni le conseil d'Etat, ni le conseil des ministres qui examinèrent la question ne pensèrent que la franchise pouvait être contraire aux intérêts de l'industrie. Alors un grand nombre de villes de commerce joignirent leurs vœux à la demande de la ville de Dunkerque ; ces villes ne croyaient pas que la franchise du port de Dunkerque eût contrarié les intérêts de l'industrie.

Je remarque que cette franchise avait existé du tems de la plus grande prospérité de l'industrie dans les provinces flamandes. Alors le grand Roi donnait à l'industrie française un essor extraordinaire. De toutes parts une industrie nouvelle était créée par lui comme tant de grandes choses. Cette franchise assurée par Louis XV et par Louis XVI fut combattue dans l'assemblée constituante et y triompha ; elle fut combattue ensuite par l'assemblée législative, et y triompha encore. Elle n'a été détruite que par la Convention qui examina la chose sous le rapport du privilége ; car vous savez qu'elle voyait partout des priviléges. Elle trouvait même que le nom de ville était un titre orgueilleux et que Paris devait être appelé du nom de commune comme tous les villages qui environnent cette grande capitale.

Si donc il est facile de prouver que l'industrie française a toujours été croissante à l'époque où la franchise du port de Dunkerque et d'autres ports existait, on peut combattre l'assertion avancée dans l'exposé des motifs. La franchise ne peut qu'être extrêmement favorable au commerce maritime, considéré en grand ; comment pourrait-elle être contraire à l'industrie, puisqu'elle facilite l'entrée des matières premières et l'écoulement des objets manufacturés ?

Je desire qu'un jour cette grande question puisse être examinée : alors je prouverai que l'industrie, la prospérité, le commerce maritime, sont trois choses qui ne doivent jamais être séparées, qui doivent pour prospérer se prêter un mutuel appui. Les Députés de Marseille savent bien que du tems où leur commerce maritime dominait celui du levant, au lieu d'être nuisible à l'industrie des provinces, il lui était favorable en favorisant l'écoulement rapide des produits.

Je vote pour la loi, en faisant des vœux pour qu'un jour la grande question de la franchise soit examinée; et pour qu'on rende la franchise à ce port de Dunkerque, qui à chaque page de notre histoire maritime fait la gloire de la marine française.

On demande à aller aux voix.

M. le président demande successivement si les amendemens de M. Beauséjour sont appuyés. — Ils ne sont pas appuyés, et ne sont pas mis aux voix.

La chambre adopte successivement les trois articles du projet de loi.

M. de Laroche réclame la parole pour un article additionnel.

M. DE LAROCHE. Personne plus que moi, Messieurs, n'applaudit aux entreprises de la nature de celle qui vous est proposée en ce moment, et je m'estimerai heureux, si je puis consacrer avec vous, par mon vote, cet heureux concours de ressources générales de l'État, des capitaux particuliers, et des prestations offertes par les localités, appliqués au rétablissement d'un de nos ports le plus utile pour le commerce;

Déjà la France recueille les fruits des opérations du même genre, qui furent autorisées en 1818 par la législature : l'exécution du canal de la Sensée a devancé de près d'un an, l'attente des intéressés, et cette utile jonction de la Scarpe à l'Escaut est en pleine activité.

Le pont de Bordeaux, construction hardie et gigantesque autant qu'elle est utile, sera terminé avec l'année actuelle.

Le Havre voit ses bassins couverts de navires; là où il n'y a pas encore trois ans des terrains vagues et bouleversés depuis long-tems, choquaient la vue et attestaient des intentions utiles, mais restées impuissantes.

Espérons que les créations de la session actuelle auront le même succès que celles de 1818, et que les travaux projetés pour Dunkerque seront un nouveau signal d'émulation pour la France entière; que par des moyens analogues, partout où des besoins suffisamment constatés, solliciteront des routes et des canaux aussi bien que des ouvrages maritimes, ces besoins seront satisfaits. Notre honorable collègue, M. le Directeur-général des ponts et chaussées, dans un rapport devenu public, a fait

connaître les besoins de la France relativement à la navigation intérieure ;
il a tracé les communications qu'il importe le plus d'ouvrir, et en appe-
lant sur cet important objet l'attention des capitalistes, il aura puissamment contribué à la prospérité de son pays.

Ces réflexions se trouvaient déjà écrites lorsque la présentation faite
samedi dernier par M. le ministre de l'intérieur, de plusieurs projets de
lois relatifs à des ponts et à des canaux, a donné à mes espérances une
heureuse et éclatante confirmation.

Messieurs, plus le mouvement vers les entreprises de travaux publics
s'accélère et devient général, plus il importe que sa direction soit bonne
et qu'on ne s'égare pas dans de fausses routes. Plus le système d'alliance
entre les fortunes particulières et la prospérité générale s'agrandit et se
développe, plus nous devons veiller avec soin à en écarter les erreurs qui
pourraient s'y introduire et avec elle les abus, cause certaine de stérilité
et de mort.

Le principe essentiellement vivifiant des rapports d'intérêt entre l'Etat
et les particuliers, est celui de la concurrence, qui seule peut déjouer les
tentatives sans cesse renaissantes de l'intrigue, et les fatales influences de
la faveur ; mais sans publicité point de concurrence.

Appelons-les donc toutes deux dans toutes les transactions entre le gouvernement et les capitalistes. Le bien présent et le bon exemple pour
l'avenir en seront la conséquence.

C'est pourquoi, Messieurs, je regrette que ces principes n'aient pas été
rappelés dans l'emprunt proposé pour le port de Dunkerque.

Dans les projets de même nature qui vous avaient déjà été présentés,
ou c'étaient des administrations municipales qui vous demandaient l'autorisation d'emprunter, et nous étions bien sûrs que ces emprunts placés immédiatement sous la surveillance des conseils municipaux, et, par conséquent,
de toute la commune, seraient assujétis à une stricte économie ; ou bien
c'étaient des traités déjà faits entre le Gouvernement et des capitalistes, que
l'on soumettait à la sanction de la Chambre, et qui auraient été repoussés
par elle, si elle avait jugé que de meilleures conditions auraient pu s'obtenir.

Ici, Messieurs, on ne vous fait connaître ni les prêteurs ni les conditions
du prêt ; on nous propose d'autoriser M. le ministre des finances à ouvrir
un emprunt de 5 millions, et en posant des limites qu'il ne lui sera pas
permis de dépasser, quant aux conditions à accorder aux prêteurs, on lui
laisse la faculté de s'approcher de ces limites et même de les atteindre.

Le taux de l'intérêt résultant de ces limites, est, m'a-t-on dit, huit pour cent ; mais il n'est indiqué explicitement ni dans le texte du projet de loi, ni dans l'exposé des motifs. Il m'aurait, je l'avoue, paru beaucoup plus simple et plus convenable que, conformément aux erremens précédens on eût attendu pour nous présenter le projet de loi, d'avoir trouvé des prêteurs et d'avoir stipulé avec eux des conditions qui auraient été mises sous nos yeux.

Dans l'état actuel des choses, le Gouvernement paraît n'avoir encore pris d'engagement avec personne ; il est donc en toute liberté de choisir parmi les prêteurs qui se présenteront. Or, c'est ici que s'offre nécessairement l'application des principes de concurrence et de publicité que nous avons invoqués il y a un instant.

De quoi s'agit-il ? de négocier, de vendre aux conditions les plus favorables pour le trésor, 5,000 actions de 1,000 fr. chacune, qui composent le capital de l'emprunt. L'Etat est mineur : eh bien, Messieurs, si la loi prescrit des précautions particulières, et notamment les enchères publiques pour la vente des biens des mineurs, je crois nécessaire que les ventes des valeurs mobilières appartenantes à l'Etat soient accompagnées des garanties analogues, c'est-à-dire qu'elles ne peuvent se passer de la concurrence des acheteurs, de la publicité de leurs offres et de celle de l'adjudication.

Je sais qu'on m'opposera la délibération prise pour la négociation des annuités, négociation que vous avez abandonnée à la discrétion du ministre des finances.

Messieurs, une faute ou une erreur, comme vous voudrez l'appeler, ne doit pas servir de règle. Le caractère personnel d'un ministre ne doit jamais être invoqué pour accorder une latitude de confiance que vous avez reçue de vos commettans et de la Charte, mais qu'il ne vous est pas permis de déléguer. Je dirai plus, il est utile, il doit être agréable à M. le ministre des finances d'être fortifié contre les obsessions de plus d'un genre dont il est constamment assailli.

Sans doute l'emprunt proposé est d'une faible importance dans les finances de l'Etat ; mais nous devons espérer qu'il sera suivi de beaucoup d'autres du même genre ; or, si vous consacriez ce principe, que le ministère est libre d'en régler les conditions, je craindrais, comme une conséquence inévitable de cette facilité, que les opérations de finances ne prissent un accroissement parasite, et que les travaux d'utilité publique qui leur auraient d'abord servi de base, ne devinssent eux-mêmes qu'un accessoire, et quel-

quefois même un prétexte pour obtenir des parts d'emprunts, moyen aussi
facile d'enrichir les particuliers qu'il est désastreux pour l'Etat.

Pour éviter et prévenir ces inconvéniens, je demande qu'il soit ajouté à
la loi proposée un quatrième article ainsi conçu :

« Art. 4. La négociation des actions sera faite au concours et avec publicité,
afin d'obtenir, de la part des prêteurs, la plus grande réduction possible,
dans le terme de quinze années fixé comme maximum des cotisations réunies
du Gouvernement, de la ville de Dunkerque et du département du Nord. »

Lorsque, dans des tems difficiles, il s'agissait de négocier des emprunts
de 16 à 18 millions de rente, il pouvait y avoir de la difficulté, ou même
de l'impossibilité à établir une concurrence désirable entre les prêteurs,
mais une pareille objection serait déplacée à l'époque actuelle, lorsque les
capitaux abondent et qu'il s'agit d'une somme de trois millions seulement.

Cet emprunt, bon et utile en lui-même, vous est présenté dans un état
imparfait encore : avant de lui donner votre assentiment, vous jugerez avec
moi, que la correction que j'indique est nécessaire. Gardons-nous d'introduire
l'arbitraire en matière de finances : si nous voulons protéger et encourager
les entreprises de travaux publics, il faut, avant tout, les préserver pures
de tout contact possible avec l'intrigue et les marchés clandestins.

M. DE MÉZY. L'honorable préopinant craint que la concurrence ne soit
pas établie par ce projet. Il ne me sera pas difficile de montrer qu'elle y
est textuellement établie. En effet, l'emprunt de trois millions, se fait au
moyen des ressources fournies par les ponts et chaussées, le département
du Nord et la ville de Dunkerque : 215,000 fr. par les ponts et chaussées,
40,000 fr. par le département et 40,000 fr. par la ville de Dunkerque;
l'intérêt de ces sommes pendant quinze ans est porté à 8 pour 100 le maximum
si le ministre n'obtient pas des conditions plus favorables des personnes auxquelles il remettra les actions. (M. de Mézy rappelle les dispositions de
l'article 3). On suppose donc par-là que le ministre pourra traiter
à des conditions plus favorables. L'exposé des motifs l'annonce ainsi;
l'honorable préopinant a donné la préférence à des traités faits d'avance
avec des particuliers ou avec des compagnies, et nous a cité le traité
fait pour le bassin du Hâvre. Effectivement, de tous les travaux publics, ceux du bassin du Hâvre, ont le plus de rapport avec les travaux
projetés pour le port de Dunkerque. Pour le Hâvre le marché a été de 9
pour 100, tandis qu'ici le maximum est de 8 pour 100. Il n'y a aucune
raison pour insérer dans la loi, une disposition qui ordonne la concurrence,

puisque le ministre est obligé de l'appeler, ce serait lui commander de faire son devoir. D'ailleurs, nous ne savons pas combien il faudra dépenser d'argent chaque année. Il y a une latitude de quatre ans. Il est possible que la première année on soit obligé de dépenser 1,200,000 fr. la seconde 800,000 fr. Enfin il est inutile d'imposer cette obligation au ministre par un article particulier puisqu'elle est comprise dans le projet même.

M. CASIMIR PÉRIER : Après avoir entendu l'honorable collègue M. de Mézy, j'ai cru qu'il allait voter en faveur de l'amendement. Il avait reconnu que c'était une chose nécessaire, que la publicité et la concurrence étaient une sauve-garde pour le Gouvernement comme pour les particuliers. Il a dit que le principe était à-peu-près compris dans la loi : Pourquoi alors ne pas l'y mettre tout-à-fait ? Dans toutes ces questions de concurrence et de publicité, on vient toujours à la tribune nous faire les plus belles phrases sur les intentions où l'on est d'admettre tout le monde, et en définitive il se trouve que les concurrens sont écartés, et que toutes ces conditions, disparaissent dans l'exécution. Je crois l'amendement conforme à tous les principes émis en matière de service public ou d'emprunt ; il est tems enfin de les consacrer d'une manière positive dans les lois, afin de ne pas avoir une législation d'à-peu-près, mais définitive sur ce point. J'appuie l'amendement.

On demande à aller aux voix.

L'article additionnel présenté par M. de Laroche est mis aux voix et adopté à une majorité formée de la gauche, de membres de la droite et du centre de droite.

On procède à l'appel nominal. — En voici le résultat : votans 266. Boules blanches, 264 ; boules noires, 2. La Chambre adopte.

CHAMBRE DES PAIRS.

Il est donné lecture du second projet, relatif à un emprunt de trois millions pour l'établissement du port de Dunkerque.

Les dispositions de ce projet sont les suivantes :

« Article 1.er Le gouvernement est autorisé à créer trois mille actions de 1000 fr. chacune, à l'effet de pourvoir à la dépense des travaux nécessaires au rétablissement du port de Dunkerque, lesquels travaux sont évalués à trois millions. »

» 2. Seront affectés au service des intérêts et au remboursement du capital :

1.° 215,000 fr. qui seront prélevés annuellement pendant quinze ans sur le budget des ponts et chaussées.

2.° Une somme annuelle de 40,000 francs, qui sera portée pendant quinze ans au budget du département du Nord conformément à la délibération du conseil général, en date du 8 août 1820 ;

3.° Une somme annuelle de 40,000 francs qui sera portée pendant quinze ans au budget de la commune de Dunkerque, conformément à la délibération du conseil municipal en date du 13 juillet 1820. »

« 5. Les cotisations respectives de la ville de Dunkerque, du département du Nord et du gouvernement, fixées au maximum, à une durée de quinze années, cesseront de plein droit à dater du jour où l'emprunt sera remboursé en capital et intérêts. »

« 4. La négociation des actions sera faite au concours et avec publicité, afin d'obtenir de la part des prêteurs la plus grande réduction possible, dans le terme de quinze années, fixé comme maximum de la durée des cotisations réunies du gouvernement, de la ville de Dunkerque et du département du Nord. »

Un membre, (M. le Comte Dembarrère) obtient la parole pour appuyer l'adoption du projet de loi. Le noble Pair observe que le port de Dunkerque est, par sa situation, l'un des plus importans du royaume, non seulement sous les rapports commerciaux, mais encore sous les rapports militaires. Voisin de l'Angleterre, ce port est en même tems tête de frontière du côté des Pays-Bas. Le génie de Vauban en fit, sous Louis XIV, l'un des monumens les plus remarquables de la France. Mais la jalousie des Anglais exigea de nous, à la suite d'une guerre malheureuse, la démolition de cette place.

Son rétablissement honorera l'époque de notre restauration politique. Il est évalué à trois millions dont une partie sera fournie par le Gouvernement, une autre par la ville de Dunkerque et par le département du Nord. Les dispositions du projet paraissent à cet égard dignes de l'adoption la plus entière. Il s'empresse de voter cette adoption.

Un autre membre (M. le comte de Cornet) demande, sur le concours établi par l'article 4, quelques éclaircissemens qui sont donnés à l'instant par M. le conseiller d'Etat Dupleix de Mézy, l'un des commissaires du Roi chargés de la défense du projet.

Aucune réclamation ne s'élevant contre l'adoption proposée de ce projet, les quatre articles dont il se compose sont relus, mis aux voix, et provisoirement adoptés.

Le scrutin est ouvert pour l'adoption définitive : sur un nombre total de 102 votans, dont l'appel nominal constate la présence, le résultat du dépouillement donne 101 voix en faveur du projet ; son adoption est proclamée au nom de la Chambre par M. le président.

La présente loi, discutée, délibérée et adoptée par la Chambre des pairs et par celle des Députés, a été sanctionnée par le Roi, le 20 Juin 1821.

Le gouvernement a décidé qu'il n'aurait pas recours à la négociation et à la création des actions, ainsi que la loi l'autorisait à le faire, et que la caisse d'amortissement ferait l'avance des fonds à 6 pour 100 d'intérêts par an.

NOTE

SUPPLÉMENTAIRE

Sur le port de Dunkerque.

LA demande qu'on nous a faite de nouveaux renseignemens sur le port de Dunkerque, nous détermine à donner plus
de développemens aux premières notes. Nous diviserons
celle-ci en trois parties qui seront relatives : la première,
aux travaux entrepris ; la seconde, aux ouvrages à projeter;
la troisième, aux moyens à employer pour rendre à ce port
son importance.

Travaux urgens adoptés, ordonnés et entrepris,
montant ensemble à 5,000,000 fr.

Les projets successivement présentés et approuvés, s'élevant à une somme de 4,000,000 fr., et les ressources seulement à 3,000,000 fr., M. le Directeur-Général des ponts et
chaussées a chargé l'Ingénieur en Chef de les modifier, et
de donner séparément les devis des ouvrages les plus urgens
montant à 3,000,000 fr., en y insérant des conditions telles,
qu'on ne puisse dans aucun cas dépasser cette somme.

Nous avons cherché à concilier l'opinion des négocians
et des marins de Dunkerque, et celle différente de beaucoup d'hommes de l'art. La ville de Dunkerque est d'accord
sur ce point, que la construction d'une jetée coffrée à l'Est
empêcherait les naufrages, et que le prolongement des deux
jetées de 200 mètres rendrait ce port aussi bon qu'à l'époque
de sa plus grande splendeur.

Des ingénieurs fort expérimentés pensent au contraire que le prolongement des jetées ne procurerait une entrée facile et sûre que pendant peu d'années, et que la jetée coffrée en arrêtant les sables à l'Ouest, contribuerait bientôt à éloigner la mer et à rendre ensuite l'entrée plus dangereuse.

Dans une entreprise aussi difficile, où il faut tout à la fois, songer aux moyens d'assurer les travaux contre l'action non-interrompue, si active et si puissante de la mer, et prévoir quelle doit être leur influence sur la plage, l'expérience est le seul guide sûr qu'on puisse consulter; car la théorie, en pareil cas, toujours établie d'après des faits donnés par l'expérience, ne conduità d'autres résultats que ceux fournis par l'observation. Trop d'élémens divers et presqu'inappréciables dans leurs puissances et leurs effets, devraient être introduits dans des calculs pour espérer une solution scientifique très-approximative; c'est donc l'expérience seule que nous ayons étudiée, et qui nous a guidés dans nos propositions.

Mais l'expérience pour des travaux de cette nature demande bien des années; il faut des siècles pour la rendre complète, encore doit-elle donner des résultats différents pour chaque localité. A quelle erreur ne serait-on point exposé, si l'on voulait appliquer à un port du Nord de la France, les méthodes suivies dans les ports de la Méditerranée, où il n'existe pas de marée, ou dans ceux de l'Amérique, tous placés à l'embouchure de fleuves immenses, ou dans ceux du Sud de l'Angleterre, abrités des vents violents, ou même dans ceux de l'Ouest de la France, dont la côte est couverte de gros galets qui s'entassent et forment des bancs et des barres difficiles à entamer? C'est donc la côte de Dunkerque qu'il faut particulièrement et presque uniquement observer, et toute application exacte et servile de ce qui aurait réussi ailleurs, exposerait les travaux et les capitaux dans une localité si différente.

D'après des observations expliquées par la théorie, la mer a des courants continuels et réguliers de fond ; du Nord au Sud, et des courants de superficie du Sud au Nord ; les uns et les autres sont modifiés par les côtes et les fleuves. Ces courants, souvent obliques et même opposés en produisent d'autres variés, et donnent lieu à des courants contraires, et à des remous qui produisent des bancs.

A Dunkerque, le courant régnant de superficie, va de l'Ouest à l'Est comme la côte, et entraîne sur la plage toutes les alluvions amenées par l'eau. Ces dépôts réunis à ceux entraînés des parages de Calais étendent de plus en plus l'Estran et forment cette vaste plage en partie cultivée, qu'on remarque entre Calais et Dunkerque, qui dépasse de beaucoup les jetées. Tout porte à croire que le port de Dunkerque serait bientôt bouché si l'on ne se hâtait, d'une part, de prolonger les jetées, et de l'autre, d'approfondir le chenal par des chasses puissantes et continues comme la cause qu'il faut combattre.

La marche de l'Estran est constatée par la comparaison des cartes anciennes et nouvelles, et la nécessité du prolongement des jetées est de même démontrée par le succès des ouvrages analogues établis sous Louis XIV.

Malheureusement on ne peut, pour agir avec plus de sûreté, proposer des expériences sur de petites échelles, et demander de nouveaux délais, puisque rien n'est autant à redouter que l'ajournement des travaux, en raison de l'état dangereux de l'entrée du port.

Quelque convaincus que nous soyons des avantages que procureraient au port le prolongement des jetées et le remplacement des jetées basses par des jetées coffrées, nous avons sacrifié notre opinion, qui, du reste, est celle des marins, à la nécessité de ne demander que les travaux que nous avions l'espoir d'obtenir, et surtout d'en limiter l'étendue à la somme invariablement fixée à trois millions.

Nous avons proposé, en premier lieu, l'établissement de la charpente de la jetée coffrée de l'Est, sans y comprendre le remplissage du coffre qui sera ajourné à l'époque, que nous espérons peu éloignée, où l'expérience aura justifié nos conjectures, et où de nouvelles ressources que nous indiquerons, permettront d'achever le projet.

Il n'y aura donc, pour cette partie, d'ajournement réel que par le prolongement des jetées, ouvrage que nous croyons nécessaire, mais bien difficile à obtenir, tant nous avons éprouvé d'opposition dans les discussions.

La charpente de la jetée coffrée d'Ouest qui sera une estacade à-peu-près semblable à celle de l'Est, mais plus solide, préviendra dès cette année, la plupart des naufrages, satisfera pour le moment les vœux du commerce, et laissera aux personnes de l'art qui craignent les effets d'une jetée coffrée, le tems de se convaincre ou de justifier la vérité de leurs observations.

La réduction que nous avons faite, a eu surtout pour but de ramener à trois millions, le montant total des travaux qui était de quatre ; le dessin indique les dispositions du projet et en donne les détails.

Après la jetée d'Est, il faut classer en raison de l'urgence et de l'importance, l'écluse de chasse et le bassin de retenue. Nous ne pouvions nous déterminer à réduire beaucoup les dimensions de l'écluse et du bassin sans en compromettre la solidité et en altérer les effets. Ces travaux sont les seuls qui puissent améliorer l'entrée du port. Nous avons proposé de fixer à 300^m· le rayon du cercle du bassin, mesuré au niveau des crêtes, dont la hauteur est fixée à 6^m au-dessus du busc de l'écluse projetée, ou à 6^m 70 au-dessus du busc, ou du zéro de la cunette.

La ligne de la digue à la mer a été rentrée dans les terres

afin de diminuer la dépense et les dangers auxquels elle sera exposée.

Le devis porte que les épuisemens, les dépenses accidentelles pour l'exécution de la digue et des terrassemens seront à la charge de l'entrepreneur ; ainsi le total de l'estimation ne pourra être dépassé ; au contraire, l'adjudication a donné un rabais de 7, 52 pour cent, ou de 150,400 fr. , somme suffisante pour couvrir les dépenses qui pouraient excéder dans les autres ouvrages.

Nous avions pensé qu'on aurait pu donner à ce grand ouvrage un double but d'utilité en le disposant de manière à recevoir les navires et particulièrement ceux provenant de pays suspects ; il suffisait d'augmenter le passage du milieu de l'écluse et d'en baisser le radier, dépense peu considérable qui n'altérerait en rien la solidité, les manœuvres, ni les effets de cette écluse ; cette proposition n'a pas été adoptée.

On doit remarquer que le Commerce attache peu d'importance à ce travail qu'il ne juge pas aussi utile que la jetée coffrée ; mais ici l'opinion du pays n'est pas appuyée par l'expérience, c'est une conjecture, parce qu'on n'a pas encore vu à Dunkerque, ce que peut produire une bonne écluse de chasse ; les écluses actuelles sont à une si grande distance de l'entrée du chenal, que leurs effets, quelque sensibles qu'ils soient, ne peuvent être comparés à ceux qu'on doit attendre de la nouvelle.

Le premier projet que j'avais présenté différait de celui adopté, en ce point, que les digues étaient beaucoup plus éloignées de la mer, et n'auraient jamais eu à soutenir que les efforts rares et faibles des hautes marées. En rapprochant les digues de la mer, on a diminué la dépense de construction et augmenté celles d'entretien que nécessiteront les dégradations causées par les violentes marées.

24

Quoique le rayon du bassin ait été réduit, le volume d'eau sera suffisant pour alimenter, pendant tout le temps de l'étale, un courant (1) très-fort et capable de creuser et de maintenir ouvert le chenal. Le changement fait au précédent projet, a réduit l'angle d'incidence de la ligne des chasses sur celle du chenal, et contribuera à donner aux chasses une meilleure direction et plus de force.

---

(1) Dans les premières notes, nous n'avions présenté que les résultats des calculs relatifs à l'écoulement des eaux du bassin de retenue ; nous ajouterons ici les développemens nécessaires et plus loin les tableaux qui indiquent la marche de la marée.

La hauteur moyenne des eaux pendant les cinq jours auxquels on fixe la durée de la vive eau, se réduit à 5 ^{m} 50 sur le radier de la Cunette, ou à 4 ^{m} 60 sur le busc de l'écluse projetée, dont il faut retrancher environ 0, 30 pour différence de niveau entre l'étale de haute mer et le niveau du bassin. La hauteur de la retenue sera donc 4 ^{m} 30 au-dessus du busc de l'écluse.

La superficie moyenne du bassin est de . . . . : 314,260 ^{m} , le radier de l'écluse étant à 0, 70 au-dessus du niveau de la mer de vive eau , l'écoulement s'opérera comme s'il y avait à la suite de l'écluse une chûte indéfinie. On peut donc faire abstraction du niveau de la mer et appliquer à la question la formule relative à la dépense d'un déversoir.

Soient z , l'élévation (à un instant quelconque) du niveau au-dessus du radier de l'écluse.

L , la longueur ensemble des vannes ouvertes.

M , le facteur invariable qui, lorsqu'on tient compte de la contraction de la veine fluide et qu'on prend le mètre pour unité, est égal à 1,87.

Si l'eau du bassin était entretenue constamment à la même hauteur, la dépense, par seconde, de l'orifice serait constante et exprimée par la formule M L z $^{\frac{2}{3}}$

Pour tenir compte de l'abaissement progressif du bassin, appellons T le tems écoulé depuis l'instant de l'ouverture des pertuis, la dépense pendant le tems infiniment petit d T , sera de . . . . M L z $^{\frac{2}{3}}$ d T

Soit A la section du bassin à la surface de L'eau. le volume écoulé pendant le tems d T sera exprimé par . . . . — A d z

(On met le signe — parceque z diminue lorsque T croît.)

D'autres modifications ont été ordonnées et faites au dernier projet dans les détails de construction de radiers, afin
de prévenir les accidens qui ont eu lieu à d'autres écluses.
On a cherché à empêcher les courans qui s'établissent souvent
sous les radiers et faux-radiers, et compromettent les ouvrages.
Nous nous sommes attachés à suivre à la lettre les décisions
de M. le Directeur-Général : si le travail eut été moins important, nous aurions souhaité faire l'essai à cette écluse à la mer

Ces deux expressions représentant une même quantité on a l'équation
$M L z^{\frac{1}{2}} d T = - A d z$ d'où l'on tire $d T = \frac{A}{M L} z^{-\frac{3}{2}} d z$.

Supposons que la section A soit constante, ce qui diffère très peu de
le vérité dans le cas dont il s'agit, l'intégration de l'équation précédente

donnera $T = \frac{2A}{ML} z^{-\frac{1}{2}} + \text{const.}$

Si nous désignons par H, la hauteur du niveau du bassin à l'origine
du tems T nous aurons $0 = \frac{2A}{ML} H^{-\frac{1}{2}} + \text{const.}$

Cette équation retranchée de la précédente donne :

$$T = \frac{2A}{ML} \left(z^{-\frac{1}{2}} - H^{-\frac{1}{2}} \right).$$

Ou bien $T = \frac{2A}{ML} \left(\frac{1}{\sqrt{z}} - \frac{1}{\sqrt{H}} \right)$

Telle est l'expression du nombre de secondes qui doit s'écouler depuis le
moment où la hauteur d'eau du bassin au-dessus du radier est H, jusqu'à
celui où cette hauteur est réduite à Z.

Cette formule indique que le bassin ne pourra se vider entièrement, car
si on fait $Z = 0$, on trouve que T est infini.

C'est en expliquant cette formule aux premières données du bassin,
qu'on a calculé le tableau joint aux premières notes.

Le bassin ayant été un peu réduit d'étendue et l'ouverture des écluses
diminuée dans le même rapport, on aura des résultats analogues à ceux
qui ont été présentés dans ce tableau et qu'il est par conséquent inutile
de rappeler.

Le système adopté en Angleterre pour les chasses, mérite d'être pris en
grande considération et nous avons l'intention d'aller l'étudier.

de travaux analogués exécutés sur les canaux. Des écluses de la Sensée fondées sur une couche indéfinie de tourbe sont très-solides. L'écluse de Dunkerque construite de même réussirait également.

Nous pensons, d'après notre propre expérience et l'étude des écluses de chasse qui n'ont pas réussi, que les bajoyers ne doivent pas se prolonger au-delà des radiers, que les murs en retour doivent faire l'angle le plus ouvert possible, afin de laisser un vaste débouché au courant ; enfin que les radiers d'aval doivent être courts, très-inclinés, fondés très-bas et raboteux, afin de garantir le fonds de l'action de l'eau amortie par les aspérités,

---

Les chasses sont établies au moyen de longs tuyaux de fonte, coulés d'une seule pièce, de 50 et 60 pieds de long , de 5 et 6 pieds de diamètre, engagés dans les maçonneries des écluses, dépassant les bajoyers et fermés par des portes d'une seule pièce. On peut alors supprimer les avant et arrière-radiers, une grande partie de l'épaisseur des écluses, les ouvertures et les portes, tous les parémens en pierre de taille ; réduire ainsi la dépense à moins du tiers, et produire de grands effets par la combinaison des directions différentes des divers tuyaux encastrés sur différens points.

Ce n'est sans doute qu'en modifiant ce mécanisme et en augmentant le nombre des tuyaux qu'on aurait pu en faire l'application au port de Dunkerque. Comme l'effet qu'on espère obtenir doit être beaucoup plus grand que celui produit par ces tuyaux dans les ports d'Angleterre, du moins il reste encore plusieurs points, où il serait avantageux et nécessaire de les appliquer ; par exemple le bassin de la marine et les fossés de la place pourraient servir de réservoir destinés à curer l'intérieur du port. On ouvrirait dans le terre-plein de la citadelle un long aqueduc destiné à alimenter les tuyaux qui agiraient sur divers points du port, le cureraient et préviendraient les envasemens. Mais si l'on établit ainsi que nous le proposons, une écluse dans le chenal même, ce qui transformerait le port en bassin à flot, ces tuyaux devraient être placés dans les bajoyers mêmes de l'écluse, afin d'établir des chasses dans le chenal en avant de l'écluse. Ces tuyaux d'ailleurs, remplaceraient avec avantage les ventelles, dont la manœuvre est longue, et qu'il est difficile de réparer et de maintenir étanchées,

Les autres ouvrages ordonnés au port de Dunkerque, et compris dans la dépense de 3,000,000, ne sont autre chose que des travaux d'entretien ou de perfectionnement et procureront des facilités et des avantages au Commerce, sans ajouter à la bonté du port; nous nous bornerons à les indiquer.

Les quais de la ville construits en grande partie en bois, non entretenus pendant 20 aus, tombant de vétusté, faute de fonds pour les réparer, seront remplacés par des quais en pierre de taille; nous n'avions proposé que des quais en charpente, afin de réduire la dépense et d'accroître les fonds destinés aux travaux plus importans; ceux en pierre ont été préférés; ces quais, sur une grande longueur, sont en consruction, et seront achevés avant la fin de 1822.

De toutes les restaurations à faire au port, celle de l'écluse de Bergues était la plus urgente; les radiers étaient affouillés, les bajoyers dégradés et les portes pourries. La chûte des portes, que leur mauvais état faisait craindre, aurait remis sous l'eau dix mille hectares de terre, évalués 20,000,000 fr.; cette écluse est achevée et remise à neuf et on a établi aux abords un quai de halage très-utile à la navigation.

Le dévasement du port est entrepris, et achevé sur les points les plus essentiels; on espère, au moyen des chasses, enlever une partie de la vâse. M. le Directeur-Général a décidé qu'on ajournerait le dévasement jusqu'après l'expérience des chasses.

Le pont de la citadelle qui avait autrefois un grand nombre de travées est remplacé par un pont-levis dont les culées, plus rapprochées que les anciennes, donnent plus de facilité au passage des voitures allant de la ville à la citadelle.

Nous avions proposé de construire le pont de la citadelle d'après un modèle de pont-tournant en fer que nous avons présenté; la dépense en a été jugée trop considérable. Nous

avions ensuite demandé que le pont-tournant en bois fût
construit d'après le système de ce pont-tournant en fer ; mais
le double pont levis a été préféré comme plus économique ;
il nous avait aussi paru que des culées en pierre de taille
destinées à recevoir un grand remblais avancé dans le port
où les réparations et le remplacement des pièces de charpente seront difficiles, pouvait avoir de graves inconvéniens.

Des motifs d'économie ont empêché d'adopter l'un et l'autre
projet. Le pont de la citadelle, tel qu'il a été décidé, est
presqu'achevé ; le passage sera ouvert au public dans les
premiers jours de Juillet.

La répartition de la somme de trois millions, que nous
avons proposée et qui a reçu l'approbation de M. le Directeur-
Général, est établie ainsi qu'il suit :

1º Charpente d'une jetée coffrée à l'Est..... 304,968 fr.
2º Bassin de retenue et écluse de chasse.... 2,000,000
3º Réparation de l'écluse de Bergues,
(complément de fonds,) 37,096
4º Réparation et reconstruction des quais
intérieurs 575,530
5º Dévasement du port, (à compte)...... 74,623
6º Reconstruction du pont de la citadelle,
(complément de fonds) 7,783

TOTAL PAREIL ...... 3,000,000.

Les travaux approuvés, adjugés et ajournés jusqu'à ce
qu'on ait de nouveaux fonds, se montent à un million ;
nous en donnons le détail.

ACHÈVEMENT { du curement 250,818
{ du mur de quai en maçonnerie.. 447,430
{ de la jetée coffrée 302,752

TOTAL 1,000,000

Le fonds d'un million, nécessaire au paiement de ces
dépenses, peut être créé :

1° En affectant aux travaux l'économie qui sera faite sur l'emprunt, calculé à un intérêt de 7 pour cent et qui est fixé à six ; en prolongeant d'une année l'allocation consentie ; tout porte à croire que le conseil général du département et celui municipal de Dunkerque en exprimeront le vœu, et que le gouvernement, plus intéressé que le pays à l'exécution de ces travaux, fera ce nouveau sacrifice. Nous ne proposerons les dépenses que lorsque les travaux déjà entrepris seront au moment d'être terminés.

Ouvrages à projeter.

Nous avons vu que l'ensemble des projets adoptés a pour but, et aura d'après notre opinion pour résultat, d'améliorer l'entrée du port, de rendre le chenal assez profond pour le passage à toute marée des vaisseaux de ligne, de prévenir la perte des navires, d'assurer le desséchement des terres de l'arrondissement et de rétablir les ouvrages qui tombaient en ruine. Le port dans l'intérieur sera aussi bon et meilleur qu'à l'époque de sa plus grande prospérité, mais on n'a point encore adopté les moyens de remédier aux inconvéniens qu'il eut toujours. Le port n'est autre chose qu'un prolongement du chenal où les navires restent à sec huit heures par jour à marée basse ; quoique la vase sur laquelle ils reposent les fatigue moins qu'un atterrage plus dur ; cependant les bâtimens fins et ceux de la marine militaire y sont exposés à de fortes avaries.

Cet inconvénient éloigne de ce port les vaisseaux d'Angleterre et d'Amérique construits pour des voyages de long-cours, plus légers et plus fins que ceux du Nord ; il empêche aussi le Commerce de Dunkerque de prendre plus d'extension, parce que les bâtimens destinés à faire de longues stations dans cette vase devant être plus plats, sont moins bons voiliers, et ne peuvent entrer en concurrence avec les autres.

Ces bâtimens de toute espèce qui séjournent dans le port ont une durée très-courte par suite de la prompte pourriture des bois, produite par l'action successive et journalière de l'air et de l'eau.

L'établissement d'un bassin à flot nous paraît être l'amélioration la plus importante et celle qui doit fixer en premier lieu l'attention du Gouvernement. Il existe il est vrai un bassin à flot celui de l'arrière-port ; mais il est peu spacieux et peut à peine suffire pour remplir sa destination. Quelque facilité que le Ministre de la marine puisse donner au Commerce d'en profiter, lorsqu'il sera curé et fermé par des portes de flot d'elbe, les négocians n'auront jamais recours à cette offre ; les quais en sont étroits, d'un abord difficile et très-éloignés de leurs magasins.

La marine royale elle-même éprouve de grandes difficultés à y faire entrer et en faire sortir les bâtimens ; le bassin est trop éloigné de la tête des jetées ; il faut toujours deux marées favorables, ce qui rend les expéditions précaires. Aussi les officiers de marine pensent comme les négocians qu'un autre bassin est nécessaire, et qu'on doit l'établir dans le chenal même.

Nous avons présenté divers projets que la considération de la dépense a fait ajourner ; nous en exposons les dispositions et les avantages.

Nous pensons qu'on doit construire une écluse dans le chenal même, et dans l'enceinte de la ville à l'extrémité de la ligne droite du chenal. La partie supérieure de ce chenal, c'est-à-dire le port actuel, serait transformé en un vaste bassin où tous les navires resteraient constamment à flot. Ce bassin comprendrait l'arrière-port et s'étendrait jusqu'à l'écluse de Bergues, et pourrait suffire à un commerce plus florissant qu'il ne fut jamais à Dunkerque.

Quatre objections nous ont été faites ; nous essaierons d'y répondre :

Ire Obj.^{on} *L'écluse étant placée dans la direction du che-*
nal, les bâtimens poussés par un vent arrière ne pourraient,
arrêter leur air de vent et seraient jetés sur l'écluse.

R. Le chenal de la tête des jetées à ce point, a environ
3000 mètres de longueur ; ce trajet est suffisant pour carguer
les voiles et faire perdre aux navires leur vitesse ; aussi la
plupart des bâtimens sont-ils amarrés contre l'estacade,
long-tems avant d'avoir atteint l'emplacement de l'écluse.

On ne doit point préjuger de l'état actuel du courant dans le chenal, par ce qu'il serait après l'exécution
de l'écluse de chasse et de celle en question. Maintenant,
le flot remplissant toute la capacité du chenal, le courant
est très-rapide ; mais lorsque le bassin de chasse sera établi,
le flot se portera vers cette grande étendue, et la partie
supérieure du chenal restera calme ; parce que la violence
du courant s'amortira à la tête de l'écluse de chasse. D'ailleurs les abords de cette écluse étant très-larges par l'éva-
sement des murs en retour, et très-profonds par l'effet des
chasses, les bâtimens pourront, en passant, manœuvrer, et,
par une prompte et double évolution, perdre la presque
totalité de leur vitesse. Les marins que nous avons consultés
ont été d'un avis unanime sur la position de l'écluse, sur
les avantages et sur la facilité d'y arriver à toute marée sans
danger, ni pour les navires, ni pour les ouvrages.

Une considération qu'il ne faut point omettre, c'est que
la construction de l'estacade d'ouest, surtout si elle est trans-
formée en coffre, contribuera beaucoup à amortir la lame
et la force du courant dans le chenal.

IIme Obj.^{on} *On passerait difficilement à l'écluse parce*
qu'elle serait simple, les navires seraient exposés à attendre
plusieurs marées pour entrer dans le bassin ou pour en sortir.

R. Cette objection serait sans réponse si le bassin avait
une étendue indéfinie ; mais en mesurant sa capacité et le

tems ordinaire de l'étale à Dunkerque, on peut démontrer que
quinze navires pourraient, chaque marée, sortir du bassin
et y entrer; mouvement qui est presque sans exemple dans
aucun port, puisqu'il en résulterait un passage de 21,600
navires par année, en prenant une moyenne sur un mois.
La manœuvre se ferait ainsi : Les portes seraient construites d'après le nouveau procédé qui sert à employer la
force du courant pour les ouvrir ou les fermer; elles seraient
ouvertes à chaque marée, une demi-heure avant l'étale de
haute mer, les navires sortiraient facilement pendant cette
demi-heure, étant poussés par le courant produit par la
plus grande élévation des eaux du bassin. Après l'étale, le
courant irait de la mer dans le bassin, et y conduirait avec
facilité les vaisseaux. Nous nous sommes rendu compte que
15 bâtimens pourraient sortir et quinze entrer à chaque
marée; il y aurait donc un mouvement possible et facile de
60 navires par jour; l'expérience faite journellement dans
beaucoup de ports d'Angleterre et de Hollande confirme
notre opinion.

Si l'on conservait encore des doutes sur ce point, nous
proposerions d'établir un sas au lieu d'une écluse simple;
la dépense ne serait augmentée que de moitié; les frais de
batardeaux, d'épuisemens et beaucoup d'autres dépenses
accessoires étant les mêmes dans les deux cas.

Les avantages que procurerait cette écluse peuvent être
évalués par an, à plus du quart du montant de la dépense.

III.me Obj.on *Le port actuel servant à l'écoulement des
eaux du pays au moyen de l'écluse de Bergues, si ce port
était transformé en bassin à flot, les canaux intérieurs
n'auraient plus un assez grand débouché et l'arrondissement
serait exposé à être inondé.*

R. L'écoulement des canaux de l'arrondissement se fait
maintenant par l'écluse de Bergues et par celle de la Cunette,

ces écluses suffisent, non seulement pour empêcher en tout tems les inondations, mais encore pour mettre et maintenir les canaux entièrement à sec.

Quoique ce débouché dépasse de beaucoup les besoins, nous ne proposons pas de le réduire. Il est nécessaire dans les combinaisons d'un grand projet qui intéresse une population entière, non seulement de ménager tous les intérêts, mais même de prévenir les inquiétudes les moins fondées. Ainsi nous croyons indispensable de procurer de nouveaux débouchés beaucoup plus grands que le premier, afin de donner aux habitans des garanties telles, que les plus intéressés ne puissent avoir aucune crainte.

Il existe, outre les passages des deux écluses dont nous avons parlé, deux autres passages qui pourraient les remplacer complètement au moyen de quelques travaux : 1.º Le canal et l'écluse de Mardick, et les fossés de la citadelle.

Nous proposons de rétablir l'écluse de Mardick, de l'employer à l'usage du desséchement du pays et d'ouvrir une rigole de 8ᵐ. de largeur dans le fond, et tracée dans le milieu du vaste canal de ce nom pour conduire à l'écluse les eaux des canaux intérieurs.

Le curement de ce canal sur cette largeur, à une profondeur suffisante, ne coûterait pas au-delà de trente mille francs, et la réparation des écluses qui eurent autrefois cette destination pourrait se faire à moins de soixante et dix mille francs. Ainsi avec une somme de cent mille francs, on remplacerait avec avantage le débouché de l'écluse de Bergues.

Le passage par les fortifications de la citadelle serait un moyen supplémentaire dont on pourrait faire usage puisque ces fossés communiquent d'une part au canal de Mardick, et se terminent, de l'autre, par une écluse tombant dans le chenal, avec radier au niveau des basses mers de vive eau. Il serait, toutefois, plus avantageux d'ouvrir à l'exfrémité de ces fossés, une écluse de 5^m. 20 de passage, et dirigée vers le bassin de retenue. On obtiendrait par cet ouvrage plusieurs avantages : on établirait par bateau une communication entre ce bassin et les canaux du pays ; ce qui faciliterait l'exécution des travaux et surtout leur réparation. On pourrait aussi employer la plus grande partie des eaux fournies par le desséchement du pays à augmenter celles des chasses, au moyen de l'écluse nouvelle à construire à l'extrémité des fossés de la citadelle. On jetterait deux fois par jour, ainsi que nous l'avons indiqué dans le tems, les eaux superflues des canaux intérieurs dans le bassin de retenue ; la dépense de ces diverses constructions ne s'élèverait pas au-delà de deux cent mille francs.

On voit par ces détails qu'on est maître, au moyen d'une dépense de 250,000 fr., de remplacer le débouché des écluses de Bergues, ou de la Cunette, ou de doubler celui de l'écluse de Bergues, qui ne serait plus employé que pour le passage des bateaux.

Nous remarquons enfin, qu'on restera toujours maître, après l'exécution de ces travaux, de rétablir à volonté toute chose dans l'état actuel en tenant ouvertes les portes de l'écluse du bassin, et laissant le chenal se mettre à sec deux fois par jour.

Peut-être cependant objectera-t-on encore que ces arrangemens convenables en tems de paix, exposeraient à des dangers en cas de guerre, parce qu'on ne permettrait plus d'employer à cet usage les fossés de la Citadelle, où l'on voudrait maintenir une grande hauteur d'eau ; mais il faut observer qu'en cas de guerre, on tend les inondations de Dunkerque et qu'on empêche l'écoulement des eaux du pays. On aurait d'ailleurs le débouché du canal de Mardick, qui a suffi à l'écoulement des eaux du pays avant le rétablissement du port ; et dans ce même cas, comme nous venons de le dire, l'écluse du bassin resterait ouverte et les choses rentreraient aussitôt dans leur état actuel.

Il est essentiel de remarquer que ce projet serait surtout favorable à la défense; on serait libre de mettre les fossés de la citadelle à sec en peu de tems; d'y faire, en cas d'attaque, de puissantes chasses; ressource dont on ne peut maintenant disposer, parce que le débouché de l'écluse est trop faible.

4.e Obj.on *Les dépenses seraient très-considérables et l'on ne pourrait se procurer les fonds nécessaires.*

R. Les dépenses paraissent très-élevées lorsqu'on ne fait aucun cacul, et qu'on veut les évaluer au hasard; mais lorsqu'on entre dans les détails on est étonné des résultats. Sans doute si l'Etat les prenait à sa charge, s'il n'accordait chaque année que le 10e du montant des devis, les frais seraient incalculables par suite des accidens que d'aussi longs retards ne manquent pas de produire; dans ce cas les hommes qui projettent et dirigent de telles constructions ne les achèvent pas, ceux qui les remplacent proposent d'autres idées ou prennent moins d'intérêt à celles adoptées; les travaux marchent lentement et mal, et souvent sont abandonnés.

Mais ce n'est point dans cette hypothèse que nous raisonnons et que nous évaluons la dépense; nous supposons, au contraire, que l'adjudicataire serait tenu de faire les travaux dans un délai fixé et pour une somme invariable; qu'il prendrait à sa charge tous les événemens, et que les fonds seraient également assurés et payés exactement; conditions que nous avons obtenues pour les ouvrages qui s'exécutent.

Les travaux évalués dans cette hypothèse, s'élèvent à 1,550,000 fr. qui, ajoutés aux 250,000 fr. précédens, font ensemble 1,800,000 fr. Nous proposerons les moyens qui nous semblent plus justes de créer ce capital.

On convient généralement que les dépenses spécialement utiles à une portion du territoire de la France, ou à une classe d'habitans , doivent être-payées par ceux qui en profitent. Il faudrait donc mettre un droit de tonnage sur tous les navires qui entrent dans le port, ou y séjournent , afin de retirer l'intérêt des fonds dépensés.

Mais il est évident que puisque l'Etat fait construire à ses frais, des écluses et bassins semblables dans d'autres ports, sans augmenter le droit de tonnage en proportion de l'intérêt des fonds , on ne peut imposer un droit proportionnel aux dépenses dans un port seulement , puisque les navires le fuiraient et iraient de préférence dans ceux exempts de droits supplémentaires. Ainsi les travaux projetés au lieu d'être favorables à Dunkerque , contribueraient à réduire son commerce.

Mais si le pays ne faisait pas de sacrifices , le gouvernement qui peut à peine fournir aux dépenses d'entretien, ajournerait sans doute l'exécution des travaux neufs dont nous venons de parler.

Nous pensons que la répartition doit être faite de telle sorte , que les intéressés ne soient imposés qu'à des sommes bien inférieures aux avantages immédiats qu'ils doivent retirer , et soient empressés d'y concourir dans la crainte d'un ajournement préjudiciable.

L'Etat, par exemple, qui dans le fait devrait payer la totalité des travaux comme dans tous les autres ports, ordonnerait sans doute ceux de Dunkerque si son contingent ne s'élevait qu'à la moitié ; c'est à cette somme que nous proposons de le fixer.

Le département du Nord qui aurait de nouveaux débouchés, pour l'écoulement des eaux intérieures d'un arrondissement, par l'ouverture des nouvelles écluses , et pour les produits et marchandises par le concours des négocians de tous les pays dans un port sûr et des bassins à flot, offrirait sans doute de payer deux dixièmes.

La ville de Dunkerque qui profiterait de la dépense des travaux et de leurs avantages, fournirait de même un dixième.

Les deux autres dixièmes seraient soldés, par un droit de tonnage peu élevé, sur les vaisseaux, à leur entrée dans le port et à leur sortie. Les deux dixièmes ou le cinquième étant de 360,000 fr. on répartirait cette somme en dix ans; l'annuité de 36,000 fr. serait créé par une augmentation de droits de tonnage de 0 fr. 15 par tonneau, sur les bâtimens entrant dans le bassin ou sortant du port.

Nous sommes convaincus que ces ouvrages indispensables au commerce du Nord et de la France seront entrepris aussitôt que le gouvernement pourra contribuer, par de plus grands sacrifices, à la prospérité de la marine et de l'agriculture.

Il est d'autres travaux neufs à faire qui seraient aussi très-utiles, mais qu'on sera forcé d'ajourner au tems où nos relations de commerce seront plus étendues et mieux établies avec les diverses nations.

Nous avions projeté, par exemple, dans le canal de la Cunette, un second bassin à flot, avec quai en charpente d'un côté, dont l'établissement ne coûterait pas au-delà de huit cent mille francs, mais cet ouvrage suppose l'exécution de ceux précédens destinés à donner d'autres débouchés aux eaux du pays. L'écluse à la mer est faite avec les dimensions nécessaires; il ne reste qu'à élargir le canal de la Cunette, et à le transformer en bassin. Les déblais portés sur l'estran augmenteraient l'étendue de la place et donneraient la possibilité de bâtir de nouveaux quartiers, un faubourg, des magasins et surtout un dock semblable à ceux d'Angleterre. Ce dock où toutes les marchandises seraient importées et exportées sans être soumises à des droits de douane et à des visites, serait un port franc, dans toute l'acception de ce mot.

Du côté opposé, à l'Ouest, on tracerait de même l'emplacement d'une ville basse ou faubourg, qui borderait le chenal et
le bassin de retenue, et serait placée à l'Ouest symétrique-
ment par rapport au faubourg de l'Est.

On donnerait ainsi que nous l'avions proposé, plus de
largeur à l'un des passages de la nouvelle écluse de chasse;
on en baisserait le radier afin de transformer le bassin de
retenue en bassin d'échouage, avec quais en charpente,
vis-à-vis la ville basse.

Mais ces travaux ne peuvent-être entrepris que dans le
cas où l'on admettrait une législation nouvelle qui affranchirait le commerce de bien des entraves, et porterait les
capitaux sur le point de France le plus favorablement placé,
en raison du nombre des canaux, de la richesse du pays
et du voisinage des frontières. Dans ce cas seulement, les
fonds seraient votés et soumissionnés par des compagnies
qui recevraient les annuités ci-dessus réglées.

Moyens à employer pour rendre au port de DUNKERQUE
son ancienne importance.

Le hasard ne rend pas commerçant et riche, tel ou tel
pays du globe ; les capitalistes se portent sur les points où ils
trouvent plus de facilité, de bénéfices et de sécurité. Ainsi
nous voyons les mêmes contrées éprouver toutes les vicissitudes de la fortune, lorsque le changement de leurs institutions en amène dans leurs relations avec les divers peuples.
La franchise de Dunkerque attirait dans son port les vaisseaux de toutes les nations, et donnait une grande extension à la vente des produits du sol, et des fabriques du département du Nord. Mais il faut aussi attribuer la grande
prospérité de cette ville, à la liberté de la fabrication et
de la culture du tabac, à la suppression des impôts sur le
sel, et à l'exemption de tout droit sur les marchandises dans
le port et les magasins de la ville ; ce furent ces causes réunies qui créèrent en peu d'années une marine florissante,
des manufactures étendues, des richesses considérables, et
formèrent ces hommes intrépides, l'honneur de la marine
française. Un nouveau système d'impôts et de douanes, et
une prétendue égalité, vaine chimère plutôt rêvée par l'en-
vie que justifiée par la raison, enlevèrent à Dunkerque son
commerce étranger et presque toutes ses richesses. Depuis
lors, on a vu à regret, sans profit pour les autres ports, et
au détriment du commerce de France, les navires d'Amérique et d'Angleterre, destinés autrefois pour Dunkerque,
se rendre dans les ports voisins de la Belgique et de la
Hollande. La plupart des fabriques de tabac, les raffineries
de sucre et les salines, ont été reportées du département
du Nord en Belgique, et leurs produits qui sont introduits
par la fraude rendent la concurrence difficile et ce genre
de commerce presque nul.   26

L'opinion des habitans de Dunkerque sur les moyens de faire refleurir ce port est unanime ; tous demandent la franchise ou la liberté du commerce ; mais ils la désirent dégagée des entraves qui l'ont rendue illusoire à Marseille , et toutefois tellement réglée , qu'elle ne puisse nuire à la prospérité des autres ports français.

Ils souhaitent avec raison , et demandent avec justice que les objets d'importation expédiés pour le département du Nord par les peuples qui les produisent , soient plutôt débarqués à Dunkerque qu'à Ostende et à Anvers , et arrivent dans l'intérieur par nos canaux sans passer par les mains des commissionnaires hollandais.

Une seule difficulté plausible semble s'opposer à cette demande , faite autant dans l'intérêt de la France que dans celui du département; les habitans de Dunkerque se trouveraient affranchis des droits de consommation , et jouiraient ainsi d'une faveur ; mais serait-il impossible de concilier les avantages du commerce avec l'obligation de faire supporter à tous les Français les mêmes charges ? Maintenant , Dunkerque paie ces mêmes droits ; la somme en est facile à constater ; ne pourrait-on pas la rendre fixe , annuelle , et la considérer , en l'augmentant , comme l'équivalent de cette même franchise ?

La liberté du commerce de Dunkerque ne serait point un privilége ; elle serait accordée à Dunkerque comme à Bristol , Liverpool et Londres , et aux ports les plus commerçans du Monde. Les bassins de Dunkerque , comme les docks et les magasins adjacents des ports d'Angleterre , seraient exempts des visites , contrôles et droits de douane ; les bâtimens étrangers arriveraient et partiraient sans être soumis à aucune visite ; les reconnaissances ne seraient faites et les impôts perçus que lorsque les marchandises passeraient du port dans le commerce intérieur.

Le principe de cette liberté étant établi , voyons son in-fluence sur la marine royale , l'agriculture et le commerce.

Les bois de construction , chanvres , lins , goudrons , les fers de Suède , arriveraient plutôt à Dunkerque qu'en Hollande , en raison de la facilité des échanges contre les productions de notre sol qui leur manquent. Les bâtimens se construiraient à plus bas prix ; la pêche et le commerce maritime se trouveraient par cela même encouragés ; les produits fabriqués du département du Nord auraient de nouveaux débouchés , plus d'acheteurs et donneraient plus de profits ; la navigation intérieure s'accroîtrait dans le même rapport que celle maritime , et ferait fleurir toutes les branches d'industrie. Les terres , par exemple , donneraient plus de revenus aux propriétaires , plus de profits aux fermiers , plus d'impôts à l'Etat ; ainsi la franchise du port n'est point une mesure isolée , de peu d'importance ou d'un intérêt purement local ; elle doit contribuer à enrichir plusieurs départemens qui servent pendant la guerre à garantir la France des armes ennemies par le système des places , et pendant la paix à l'affranchir du commerce étranger par le grand nombre et l'étendue des plus riches fabriques.

En résumé , le Gouvernement pourrait en peu d'années et avec de faibles sacrifices , en accordant la franchise du port , rendre à Dunkerque son ancienne splendeur ; faire prospérer l'agriculture et le commerce de plusieurs départemens ; rappeler sur ce point les fabriques , les capitaux , et surtout une nombreuse population , que la stagnation et les difficultés du commerce ont fait passer en Belgique. L'intérêt public conseille la mesure proposée , et la reconnaissance nationale semble en faire une loi , puisque Dunkerque par ses malheurs , sauva le royaume , et le servit avec dévouement dans sa prospérité.

TABLEAU

DES HAUTEURS DES VIVES EAUX D'ÉQUINOXE.

Nota. Toutes ces hauteurs et celles des tableaux qui suivent sont rapportées au niveau du busc ou au zéro de l'écluse de la Cunette, très-basse mer de vive eau.

Toutes ces hauteurs ont été observées tous les jours à l'écluse de la Cunette depuis l'année 1814 jusqu'au 1.er décembre 1821. Il en a été tenu un journal où l'on a relevé les cotes des tableaux qui suivent :

	HAUTEURS DES VIVES EAUX D'ÉQUINOXE.
	m c
Année 1814	5 88
1815	5 93
1816	6 »
1817	5 70
1818	5 55
1819	5 58
1820	5 72
1821	6 »
Hauteur totale.	46 56
Hauteur moyenne	5 80

TABLEAU DE L'ÉLÉVATION DES HAUTES ET BASSES MERS.

JOURS de la LUNE.	HAUTES MERS. ANNÉES								MOYENNE pour les 8 années.	BASSES MERS. MOYENNE POUR les 8 années.
	1814	1815	1816	1817	1818	1819	1820	1821		
1	5 40	5 44	5 43	5 40	5 33	5 29	5 28	5 28	5 36	0 30
2	5 50	5 49	5 39	5 41	5 39	5 35	5 25	5 42	5 40	0 22
3	5 43	5 52	5 31	5 47	5 28	5 25	5 22	5 51	5 37	0 24
4	5 23	5 28	5 18	5 39	5 19	5 14	5 14	5 35	5 24	0 35
5	5 05	5 21	4 96	5 12	4 71	5 06	4 98	5 25	5 04	0 43
6	4 83	4 94	4 78	5 07	4 97	4 89	4 84	5 03	4 92	0 47
7	4 78	4 72	4 62	4 90	4 85	4 91	4 71	4 87	4 80	0 56
8	4 73	4 43	4 50	4 66	4 67	4 58	4 53	4 79	4 61	0 66
9	4 60	4 26	4 46	4 55	4 53	4 46	4 39	4 36	4 45	0 78
10	4 52	4 30	4 56	4 45	4 42	4 35	4 36	4 34	4 41	0 82
11	4 30	4 48	4 61	4 53	4 48	4 46	4 44	4 44	4 47	0 77
12	4 48	4 75	4 63	4 70	4 54	4 68	4 53	4 42	4 59	0 70
13	4 73	5 06	4 90	4 88	4 75	4 98	4 73	4 66	4 84	0 68
14	5 13	5 23	5 03	5 11	4 93	5 12	4 90	4 85	5 05	0 56
15	5 25	5 30	5 19	5 27	5 14	5 28	5 13	5 05	5 20	0 40
16	5 47	5 35	5 28	5 34	5 30	5 39	5 37	5 25	5 34	0 26
17	5 73	5 43	5 31	5 47	5 37	5 46	5 43	5 37	5 45	0 20
18	5 63	5 23	5 30	5 34	5 33	5 37	5 40	5 32	5 37	0 25
19	5 38	5 14	5 24	5 40	5 14	5 13	5 24	5 21	5 24	0 32
20	5 33	4 96	5 19	5 35	5 15	4 95	5 12	5 01	5 13	0 47
21	5 0	4 83	4 96	4 95	4 98	4 88	4 90	4 87	4 92	0 53
22	4 87	4 64	4 78	4 79	4 75	4 72	4 71	4 71	4 75	0 60
23	4 72	4 42	4 62	4 59	4 48	4 57	4 52	4 58	4 56	0 69
24	4 63	4 33	4 39	4 35	4 37	4 37	4 38	4 41	4 40	0 76
25	4 78	4 37	4 46	4 31	4 43	4 51	4 36	4 26	4 44	0 84
26	4 77	4 56	4 63	4 45	4 52	4 63	4 41	4 39	4 55	0 78
27	4 90	4 81	4 95	4 57	4 58	4 82	4 58	4 53	4 72	0 70
28	5 17	5 03	5 08	4 80	4 71	5 02	4 85	4 88	4 94	0 68
29	5 39	5 22	5 41	5 03	5 03	5 20	5 10	5 0	5 17	0 53
30	5 40	5 05	5 52	5 27	5 28	5 23	5 18	5 13	5 26	0 49

ASCENSION ET ABAISSEMENT
DE LA MARÉE,

Prise de demi-heure en demi-heure avant et après l'étale de haute mer.

Nota. Ce tableau est le résultat moyen d'un grand nombre d'observations en vives eaux.

ASCENSION		ABAISSEMENT	
(*Avant l'étale.*)		(*Après l'étale.*)	
Heures d'observations.	Hauteurs successives.	Heures d'observations.	Hauteurs successives.
heures.			
8	1 95	Etale de pleine mer de vive eau 5 45	
7 ½	1 50	½	5 40
7	0 95	1	5 27
6 ½	0 52	1 ½	4 80
6	0 50	2	4 34
5 ½	0 24	2 ½	3 94
5	0 22	5	3 58
4 ½	0 40	5 ½	2 70
4	0 76	4	2 20
3 ½	1 16	4 ½	1 62
5	1 58	5	1 05
2 ½	2 25	5 ½	0 54
2	5 50		
1 ½	4 52		
1	5 08		
½	5 38		
Etale de pleine mer de vive eau 5 45			

Observation sur les Tableaux et Planches.

Toutes les indications relatives aux tableaux, ayant été données dans les notes précédentes , et les dessins étant tous cotés, il serait superflu d'entrer dans le détail des dimensions ; on aurait été conduit à fournir des devis estimatifs qui intéressent bien peu de personnes.

AVERTISSEMENT

Relatif à la carte de M.ʳ BEAUTEMPS-BEAUPRÉ.

Les chiffres de sonde expriment en pieds de France les profondeurs de l'eau réduites aux plus basses mers d'équinoxe.

On a considéré et indiqué comme banc, toutes les parties du fond de la mer où, réductions faites, il reste moins de 25 pieds d'eau aux basses mers d'équinoxe : puis on a subdivisé ces grands plateaux en trois classes de bancs, en raison du brassiage, ainsi qu'il suit :

La 1.ʳᵉ comprend les fonds audessous de 10 pieds; (elle forme ce qu'on appelle les pollaerts, ou plateaux dangereux.)

La 2.ᵉ comprend les fonds depuis dix pieds jusqu'à 16 pieds.

La 3.ᵉ comprend les fonds depuis 17 jusqu'à 24 pieds. Les parties du fond de la mer sur lesquelles il reste plus de 24 pieds d'eau, sont considérées comme praticables en tout tems.

Établissement des marées à

	h.	m.
Dunkerque...11	45	
Nieuport....12	15	
Ostende.....12	20	
Flessingue....1	»	
Terneuse.....2	15	
Anvers.......4	25	

Les jours de nouvelle et pleine lune, ou Syzygies, la mer s'élève à Dunkerque de 16 à 19 pieds 1/2 au-dessus des plus basses eaux, et du brassiage exprimé par les chiffres de sonde.

Les jours de quartier, ou de quadrature, elle s'élève entre 14 et 15 pieds au-dessus du même point; et ces jours là, à basse mer, elle descend de 2, 3 et 4 pieds de moins que dans les grandes marées.

C'est souvent deux ou trois jours après les nouvelles et pleines lunes que la mer monte le plus; et c'est aussi après les quartiers que sont les plus petites marées.

Déclinaison moyenne (en septembre 1804) 21.º 0'. N. O.

Les opérations qui ont servi à déterminer les positions des sondes, les acores des bancs, etc., ont toutes été faites avec le cercle à réflexion de Borda.

Rade de Dunkerque.

La rade de Dunkerque est l'espace compris entre le banc connu sous les noms de *Snow*, *Brœck-Banck*, *Hil's Banck* et *Trœp Egeer*, et le plateau attenant à la terre. Sa longueur y compris celle de la passe de l'O., est d'environ 12 milles; depuis la pointe O. du *Snow* jusqu'au méridien de Dunkerque, c'est-à-dire, dans l'espace de 7 milles 1/2, sa direction est E. 10.º N. et O. 10.º S.; ensuite elle devient E. 21.º N. et O. 22.º S., l'espace de 4 milles 1/2, depuis le méridien de Dunkerque jusqu'à la passe de Zuytcoote. Sa longueur entre la ligne des fonds de 24 pieds qui la limitent au N., et les fonds de 24 pieds du plateau, attenant à la terre, qui la limitent au S., n'est nulle part de plus de 4 encablures 1/2; et dans quelques points même cette largeur n'excède pas 4 encablures. Son brassiage est entre 40 et 50 pieds sur un fond de sable vaseux, dont la tenue est bonne.

Le banc du large est acore partout; celui de terre l'est aussi depuis la pointe de Gravelines jusqu'aux jetées de Dunkerque; dans l'E. de ces jetées, la sonde en indiquera les approches.

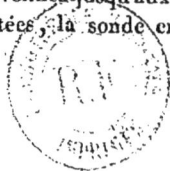

TABLE
DES MATIÈRES.

~~~~~~~~~~~~~~~~~

	Pages.
Introduction.	
De la Navigation intérieure du département du Nord et de son influence	9
Arrondissement de Dunkerque	12
—————— d'Hazebrouck	14
—————— de Lille et de Douai	15
—————— d'Avesnes	17
Des différens Modes, et du meilleur modé d'exécution des travaux publics	19
Premier mode. L'État fait tous les frais	19
Deuxième mode. Emprunt	20
Troisième mode. Partage de la dépense entre l'État et le pays	20
Quatrième mode. Concession conditionnelle et limitée à des compagnies	21
Cinquième mode. Concession absolue ou à perpétuité	21
Des différens Travaux exécutés dans le département du Nord depuis quatre ans	5
Canal de Mons à Condé	24
Rivière canalisée de l'Escaut	26
Canal de la Sensée	26
Canal de la Sensée, tracé de niveau	32
Rivière canalisée de la Scarpe	53
Canal de Bourbourg	54
Rivières canalisées de la Lys et de la Deûle	35
Port de Dunkerque	56
Coup d'œil général sur la navigation du Nord	41
Résumé	45
Lois et ordonnances de concession et autres pièces officielles	47
Ordonnance de concession de l'écluse de Thivencelles sur l'Escaut	49

Pages.

CANAL DE LA SENSÉE.

Exposé des motifs du projet de loi 51
Projet de loi.. 57
Soumission du concessionnaire......................... 58
Chambre des Députés. — Rapport au nom de la commission...... 62
Vote de la Chambre des Députés........................ 67
Chambre des Pairs. — Rapport de la commission.......... 68
Vote de la Chambre des Pairs.......................... 71
Acte social de la Société Anonyme du canal de la Sensée....... 75
Notes sur les Watteringues de l'arrondissement de Dunkerque... 81
Décret de réorganisation de l'administration des Watteringues.... 83
Notes les Moëres françaises............................. 89
NOTES SUR LE PORT DE DUNKERQUE...................... 97
Travaux d'art... 100
Rehaussement des jetées................................ 100
Prolongement des jetées................................ 101
Nouvelle écluse de chasse et bassin de retenue............. 105
Grandeur du bassin.................................... 106
Écluse de chasse...................................... 108
NOTES sur le projet de canal de la Deûle à Roubaix et Tourcoing... 119
NOTES SUPPLÉMENTAIRES sur le port de Dunkerque......... 179
Tableaux indiquant la marche des marées................. 203
Avertissement relatif à la carte de M. Beautemps-Beaupré...... 207

FIN DE LA TABLE DES MATIÈRES.

A LILLE,

DE L'IMPRIMERIE DE REBOUX - LEROY, RUE DES FOSSÉS, N.° 12.

CARTE du DÉPARTEMENT du NORD.

(1816.)

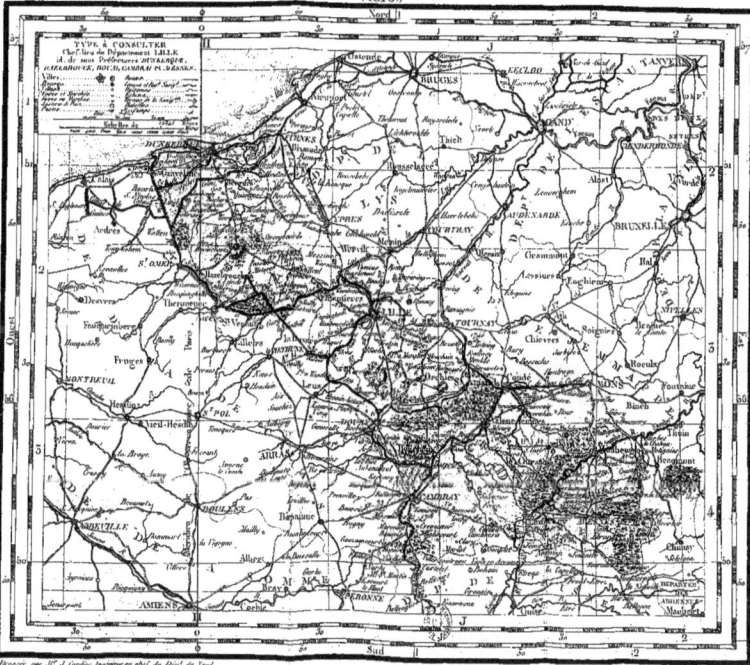

TYPE À CONSULTER
Chef-lieu du Département LILLE
d. de ses Préfectures DUNKERQUE,
HAZEBROUCK, DOUAI, CAMBRAI et AVESNES.

Dessiné par Mr. J. Vordin Ingénieur en chef du Dépt du Nord.

Gravé par L. Duval Jeune.

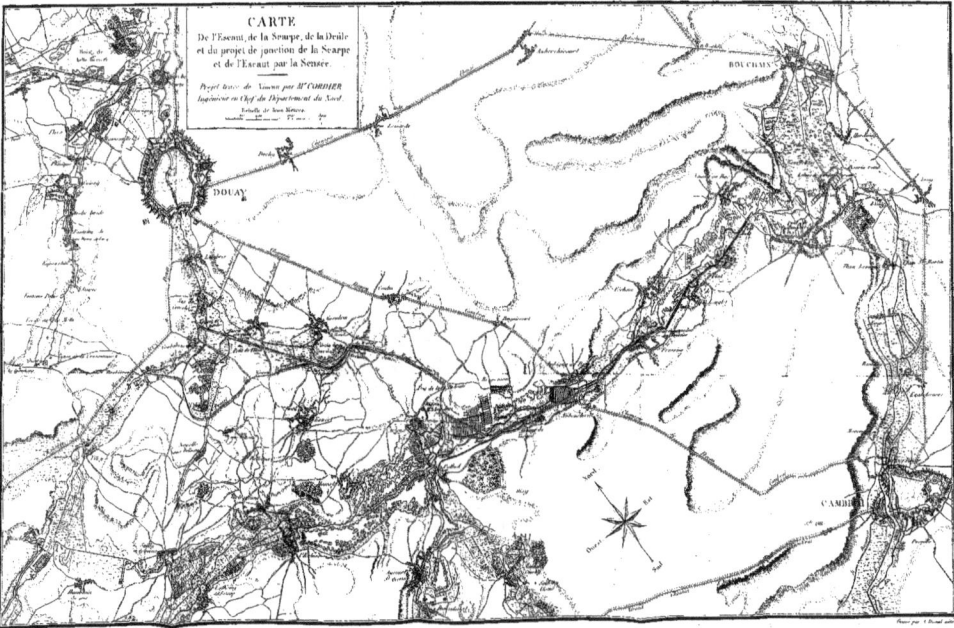

CARTE
De l'Escaut, de la Scarpe, de la Deûle
et du projet de jonction de la Scarpe
et de l'Escaut par la Sensée.

Projet tracé de Nouveau par M. CORDIER
Ingénieur en Chef du Département du Nord.

DOUAY

BOUCHAIN

CAMBRAY

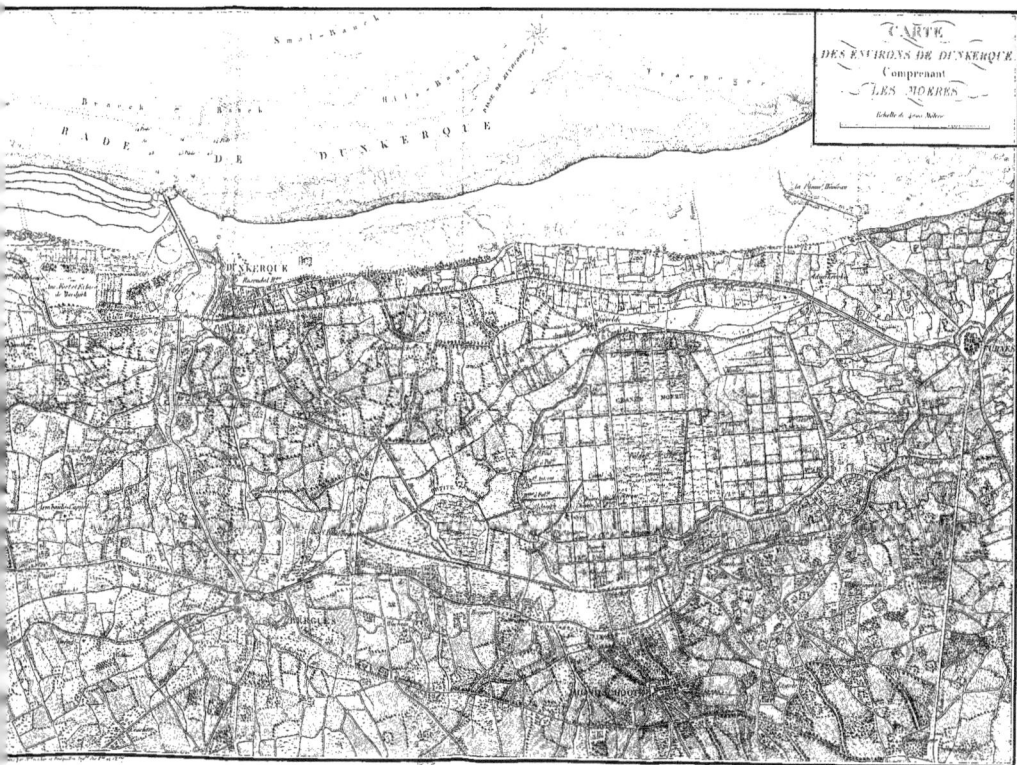

CARTE
DES ENVIRONS DE DUNKERQUE
Comprenant
LES MOERES

Pont tournant

construit sur l'Écluse du bassin de la marine.

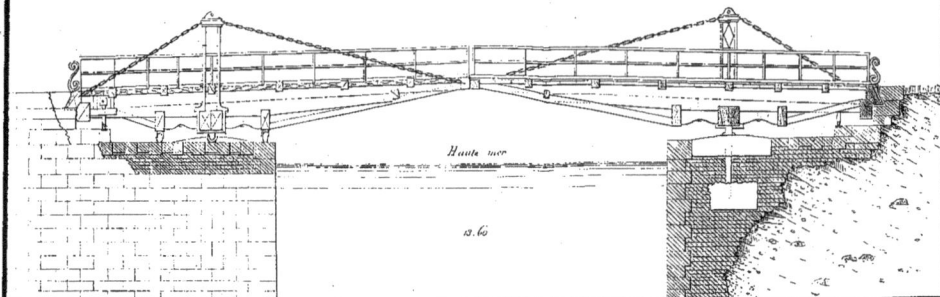

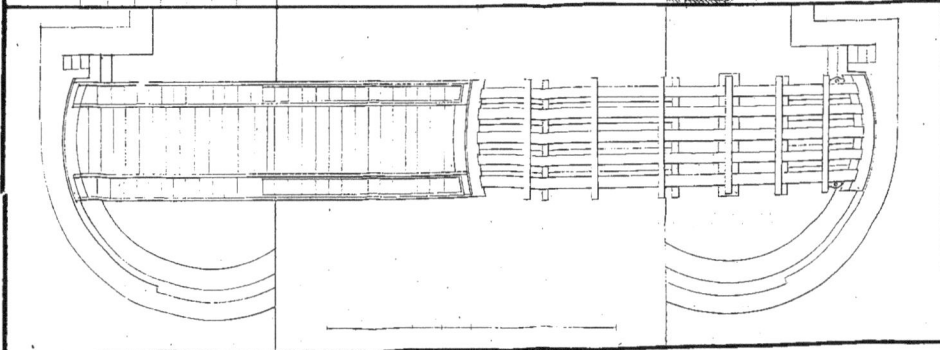

Hante mer

13.60

Projet

d'un pont tournant en remplacement du pont de la citadelle, sur l'arrière port.

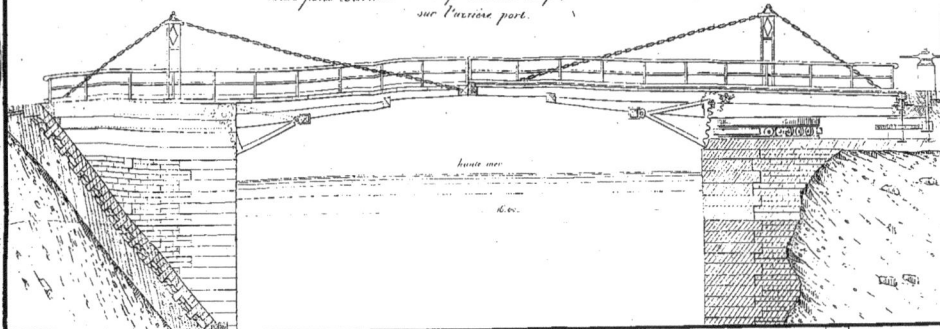

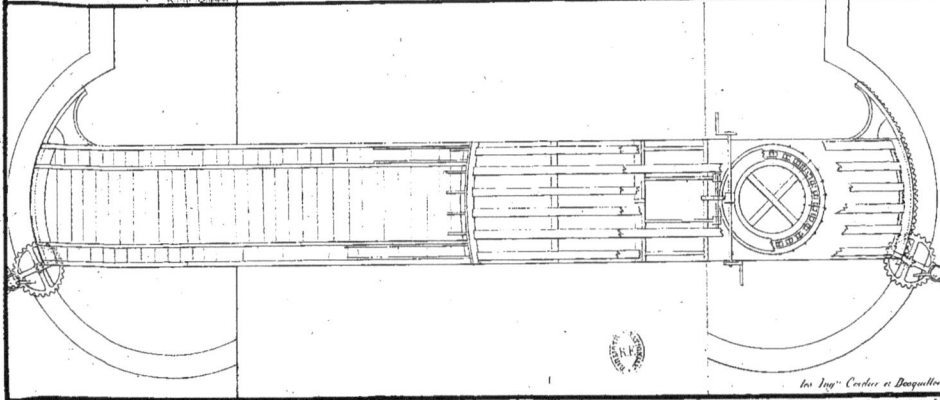

hante mer

13.60

les Ing.rs Cordier et Bosquillon

Lith de C. de Last

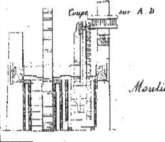

Coupe sur A B

Moulin   à palettes

Moulin à vis et à palettes

Servant au dessèchement des marais ou polders désignés sous le nom de Moëres, dans l'arrondissement de Dunkerque, sous la Direction de M. de Marjais.

Il faut 3 moulins à palettes pour élever les eaux à la même hauteur à la quelle elles sont élevées par un seul moulin à vis. Voir le profil ci-joint.

Produit des Moulins

Un couple de moulins à palettes élève 30,60 cubes d'eau par minute les ailes des moulins faisant 19 tours par minute et les eaux extérieures et intérieures étant à la hauteur indiquée au profil.

Un moulin à vis dans les mêmes circonstances élève 26,98 par minute.

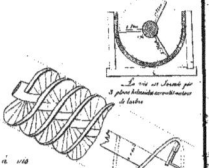

La vis est formée par 3 plans hélicoïdes ou révolutions de l'arbre

Le moulin est disposé de manière qu'un tour de la vis à palettes répond à 2/3 de tour de l'arbre portant les ailes

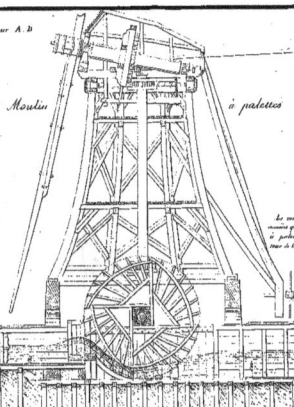

Le moulin est disposé de manière qu'un tour de la vis à palettes répond à 2/3 de tour de l'arbre portant les ailes

Moulin à vis   portée supérieure comme   un moulin à palettes

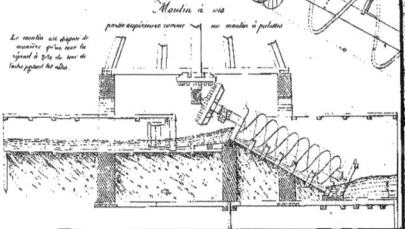

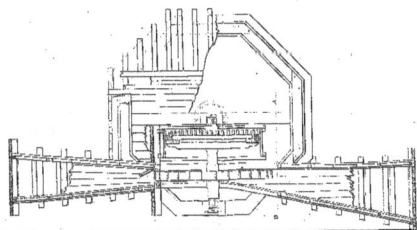

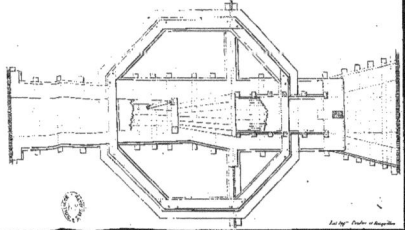

Lith. Impie. Poulter et Compagnie

Acte de Cr... Doll

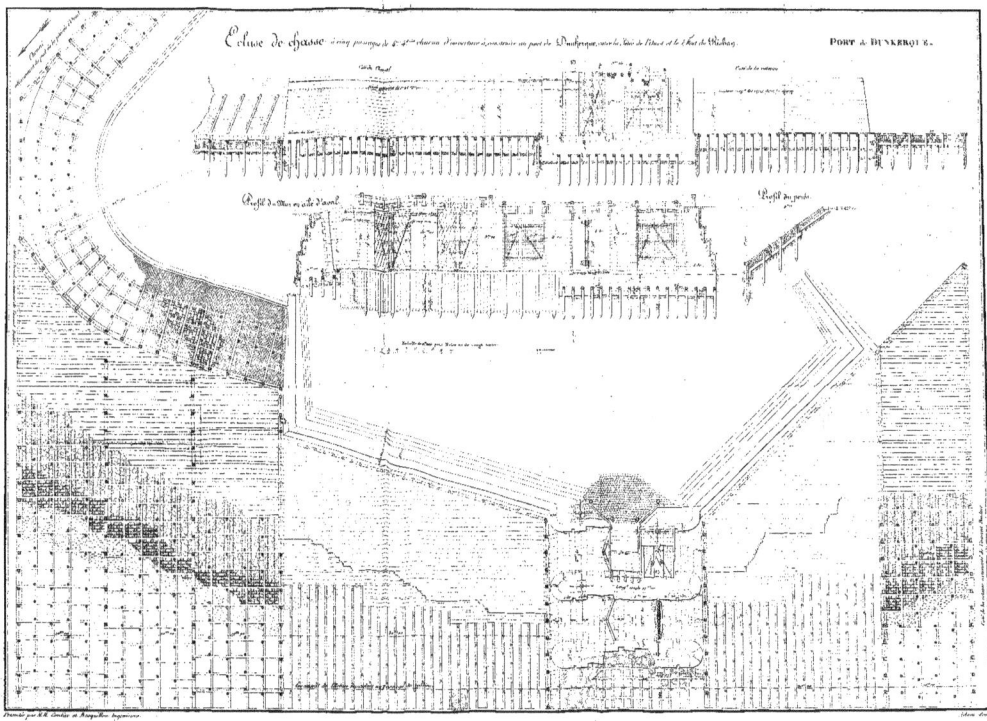

Écluse de chasse à cinq passages de 6.^m chacun d'ouverture à construire au port de Dunkerque, entre la jetée de l'Ouest et le fort de Richard.

PORT de DUNKERQUE.

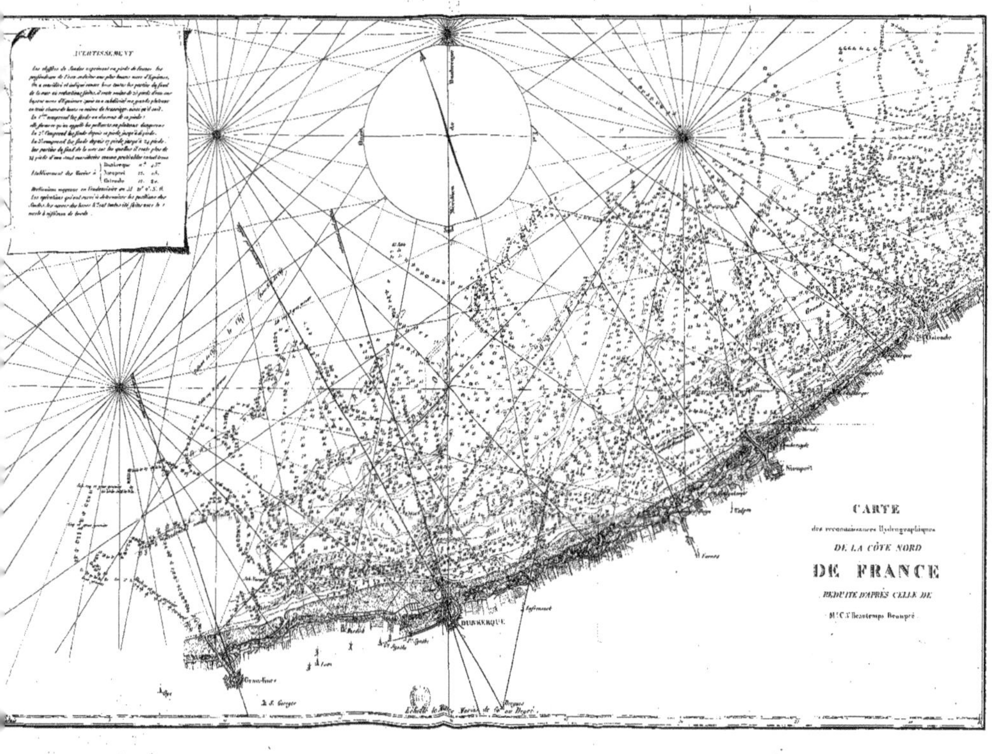

CARTE

des reconnaissances Hydrographiques

DE LA CÔTE NORD

DE FRANCE

RÉDUITE D'APRÈS CELLE DE

M. C. F. Beautemps Beaupré

DUNKERQUE

Gravelines

B. de Gravier

Ecluse de chasse et Bassin de retenue à l'ouest du Chenal

Représentation Graphique pour les hautes & basses Mers

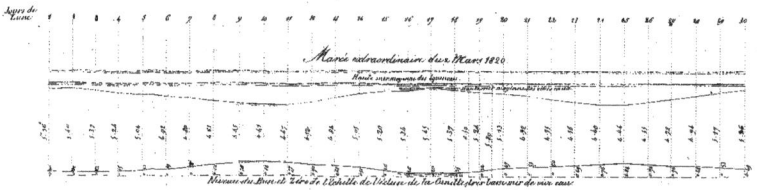

Marée extraordinaire du 2 Mars 1826

Niveau du Bassin et Zéro de l'Echelle de Vénus de la Canette, pour trouver de vive eau

Représentation Graphique de l'Ascension & de l'Abaissement de la Marée

Niveau du Bassin et Zéro de l'Echelle de Vénus de la Corette, très basse mer de vive eau

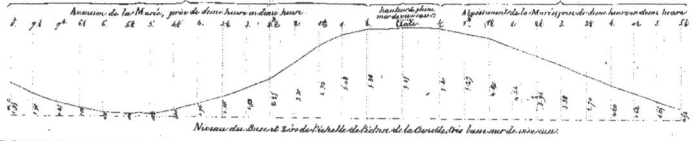

ferme l'embouchure du Chenal

Marée extraordinaire du 2 Mars 1830

Port de Dunkerque.

Profils en travers du Chenal.

www.ingramcontent.com/pod-product-compliance
Lightning Source LLC
Chambersburg PA
CBHW070516200326
41519CB00013B/2821